Fit für die 4. Klasse

Deutsch

Mathematik

Ravensburger Buchverlag

Zu diesem Heft

- Im Heft findest du Regeln und Tipps, die dir beim Lösen der Aufgaben helfen.

- Aufgepasst:
  Die Aufgaben mit einer  sind etwas schwieriger.

- Lege die  auf die roten Lösungsfelder, dann werden die richtigen Ergebnisse sichtbar.

- Lege ein leeres Heft bereit, in dem du die Aufgaben bearbeiten kannst.

- Mache regelmäßig Lernpausen: Öffne das Fenster und bewege dich in dieser Zeit. Danach kannst du dich besser konzentrieren.

Deutsch:

Nomen	– Substantiv, Hauptwort, Namenwort
Verb	– Tunwort, Zeitwort
Adjektiv	– Wiewort, Eigenschaftswort
Artikel	– Begleiter
Konsonant	– Mitlaut
Vokal	– Selbstlaut

Mathematik:

addieren	– zusammenzählen
subtrahieren	– abziehen
multiplizieren	– malnehmen
dividieren	– teilen

Rechtschreiben

Nomen

1 Schreibe die richtigen Tiernamen mit Artikel auf.
Male die Tiere in die leeren Kästchen.

Wie heißen Wörter,
die einen Artikel haben?

Regel Nomen sind Namen für Menschen, Dinge oder Tiere. Sie werden großgeschrieben. Vor einem Nomen kann ein bestimmter oder unbestimmter Artikel stehen, zum Beispiel das Nilpferd, ein Elefant.

2 Setze die Buchstaben in den Käfigen zusammen.
Schreibe die Wörter mit Artikel auf.

[redacted]

3 Male alle Felder aus, auf denen Nomen stehen.
Welches Tier entdeckst du?

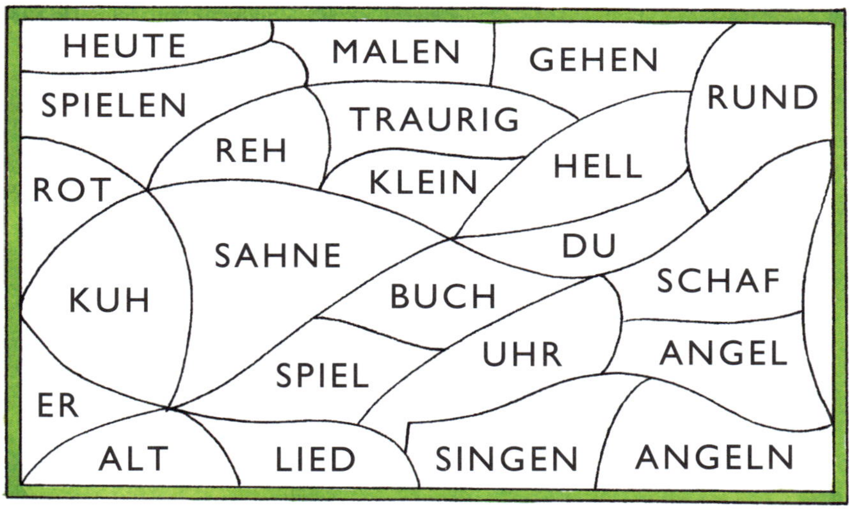

[redacted]

4 Finde zu den Adjektiven und Verben die passenden Nomen. Schreibe sie mit Artikel auf.

schlau *die Schlauheit* ____________ erinnern ____________

krank ____________ retten ____________

[redacted]

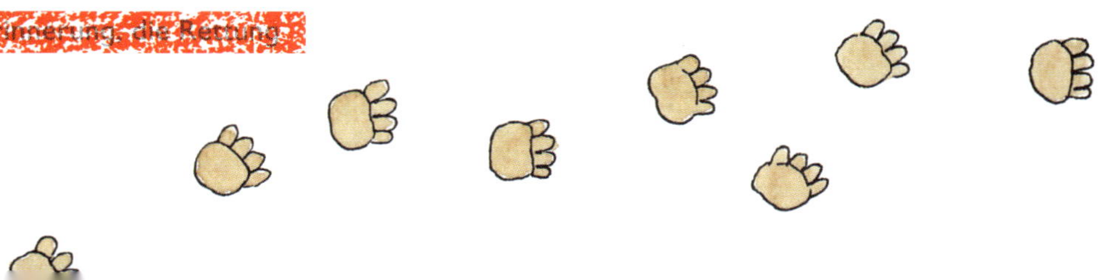

Adjektive

1 Wie sehen die Drachen aus? Ordne die Buchstaben und schreibe die Wörter auf.

____

Weißt du, wie diese Wörter heißen?

____

Regel Adjektive sagen dir, wie jemand oder etwas ist. Adjektive werden kleingeschrieben. Nach Adjektiven fragst du: Wie ist etwas?

2 Kreise die drei Adjektive in der Wolke ein und schreibe sie auf die richtige Linie.

Die Feder ist ______________.

Die Schokolade ist ______________.

Der Elefant ist ______________.

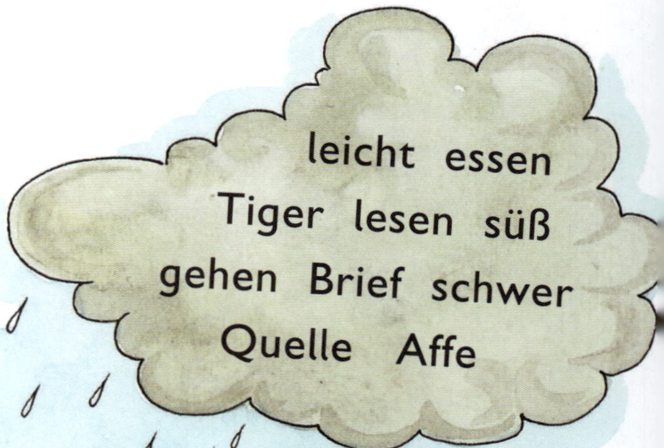

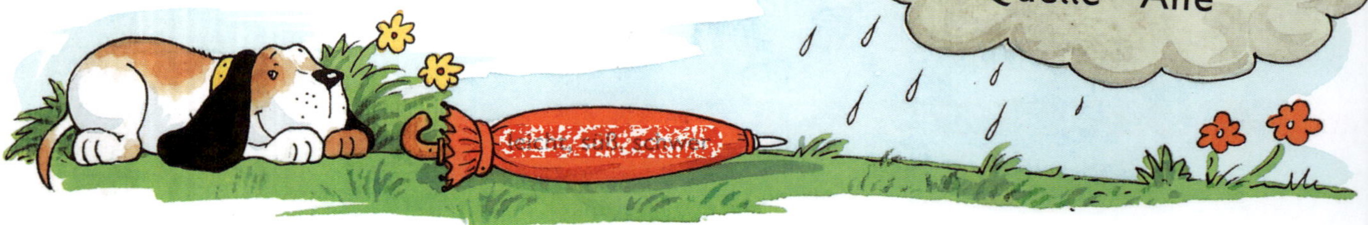

3 Fahre jede Schnur entlang und trage das passende Adjektiv ein.

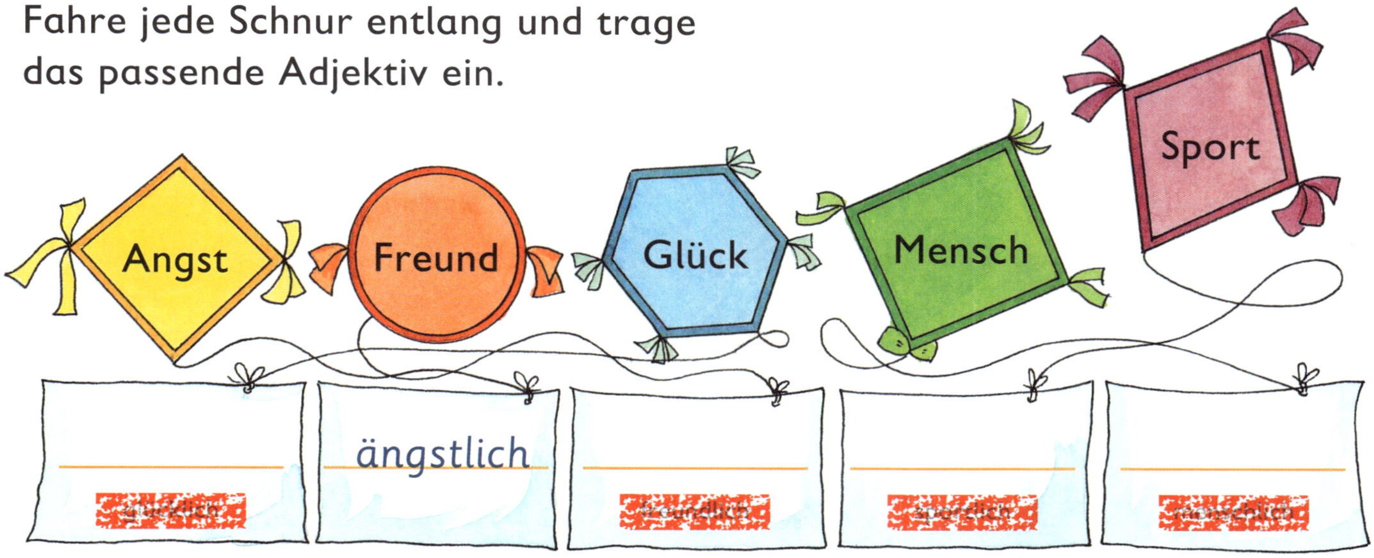

[redacted] [redacted] [redacted] [redacted]

4 Wie sind diese Tiere? Trage die Adjektive in die Kästchen ein. Verbinde sie mit dem richtigen Tier.

langsam grau
flink stark

[redacted] [redacted] [redacted] [redacted]

5 Suche immer zwei passende Adjektive und verbinde sie miteinander. Was bleibt übrig?

schön
brav
schrecklich
bunt

artig
farbig
furchtbar
hübsch
traurig

[redacted]

Verben

1 Was machen die Kinder an Peters Geburtstag?
Erzähle.

2 Trage die Wörter aus den Luftballons an der richtigen Stelle im Text ein.

Peter ______________ sich, dass seine Freunde gekommen sind. Konfetti ______________ vor Freude an den Gästen hoch. Die große Schokoladentorte ______________ allen sehr gut. Nach dem Essen ______________ die Kinder Ball. Jan kann den Ball am weitesten ______________.

Wie heißen die Wörter, die du eingetragen hast?

____

Regel Verben sagen dir, was jemand tut. Sie werden kleingeschrieben.

3 Schreibe die Verben auf dem Geschenkband in die richtigen Kästchen.

Geschenkinhalt: ☐[1] ☐[2] ☐[3] ☐[4] [redacted]

4 Auf welchen Kerzen steht ein Verb? Male eine Flamme darauf und schreibe die Verben auf. Die Anzahl der Flammen sagt dir, wie alt Peter ist.

[redacted]

bauen, ______________________________

____

5 Konfetti macht die unterschiedlichsten Hundelaute. Welche kennst du?

jaulen, ______________________________

[redacted]

Doppelkonsonanten

1 Was haben die Wörter auf den gelben Eintrittskarten gemeinsam?

Auf den gelben Karten stehen Wörter mit doppeltem Konsonanten.

2 Wie sprichst du den Vokal in den Wörtern? Setze unter den kurzen Vokal einen Punkt • und unter den langen Vokal einen Strich _ .

Regel Vor einem doppelten Konsonanten steht immer ein kurz gesprochener Vokal, zum Beispiel Kanne.

3 Trage entweder s oder ss ein.

Wa ss er
fa ____ en
Se ____ el
Me ____ er

le ____ en
Gla ____
ra ____ en
Be ____ sen

4 Notiere die Dinge mit einem doppelten Konsonanten im Wort.

Messer, Teller, Kamm, Sonne, Tasse, Blatt

Tipp Die Länge des Vokals sagt dir meist, ob ein Wort mit einem doppelten Konsonanten geschrieben wird oder nicht:

Wörter ohne Doppelkonsonanten
Nimm einen Gummiring.
Das Wort hat einen langen Vokal, wenn du den Gummi beim Sprechen auseinanderziehen kannst.

Wörter mit Doppelkonsonanten
Das Wort hat einen kurzen Vokal, wenn du mit deinem Finger nur schnell die Hand berühren kannst.

5 Finde zu den Bildern je zwei Reimwörter mit dem gleichen Doppelkonsonanten.

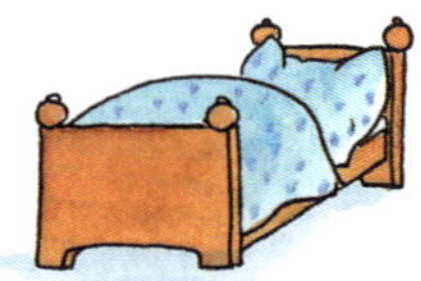

Dehnung mit ie

1 Ergänze jeweils: ie.

L___ber Karlo!
Zu unserer Theateraufführung am
D___nstag möchten wir dich einladen.
Michael sp___lt einen R___sen.
Ich sp___le meine L___blingsrolle:
d___ Prinzessin.
V___le Grüße von Tina und Michael

2 Wie sprichst du das *ie:* kurz oder lang? ____________

Tipp Wörter, in denen du den Vokal *i* lang sprichst, werden meistens mit ie geschrieben, zum Beispiel S<u>ie</u>b.

3 Schreibe zwei Unsinnssätze mit den Wörtern auf:

viele sieben vier	Riesen Zwiebeln Diebe	genießen riechen wiegen	tief schwierig niemals

____

____

____

4 Schreibe die Wörter richtig auf.
Tipp: Sie sind rückwärts geschrieben.

5 Schreibe die Zahlen als Wörter auf.
Welche haben ein *ie* im Wort?
Kreise sie ein.

6 Kannst du die fehlenden Wörter eintragen?

Wörter mit d/t und g/k

1 Auf dem Jahrmarkt fährt Bernd gern Riesenrad. Lisa findet die Losbude aufregend. Trage die Wörter unten ein. Die blauen Kästchen ergeben das Lösungswort.

Welche Form hat der Ball?

Wie findet Lisa die Losbude?

Was für ein Tier ist Konfetti?

Was fährt Bernd gern?

Was gewinnt man mit 20 Punkten?

Lösungswort:

2 Welchen Laut hörst du am Ende der Wörter? Welchen Buchstaben hast du geschrieben?

___

Tipp Du hörst, ob ein Wort mit *d* oder *t* endet, wenn du es verlängerst. Bilde bei Nomen die Mehrzahl: der Hund – die Hunde. Setze Adjektive vor ein Nomen: wild – der wilde Sturm.

3 Setze *d* oder *t* ein.

4 Bilde mit den Wörtern in der Achterbahn die Mehrzahl und schreibe sie mit Artikel auf.

die Räder, ________________________________

____

5 Setze die Wörter auf dem Schild richtig ein. Unterstreiche *g* und *k*.

Sein Geld bringt man auf die ____________ .

Mittwoch ist ein ____________ der Woche.

Ein ____________ ist ein Möbelstück.

In den Urlaub fliegt man mit dem

____________ . [redacted]

6 Setze den richtigen Buchstaben ein: *d/t, g/k?*
Der Tipp von Seite 14 gilt auch bei *g/k*.

star____ gesun____ bun____ weni____

Dehnung mit h

1 Zähle die Buchstaben der Wörter auf dem Koffer und trage sie in den richtigen Waggon ein.

2 Lies die Wörter laut. Was fällt dir auf?

____

Regel Der Vokal wird lang gesprochen, wenn ein h dahinter steht.
Achtung! Das h hörst du nicht, zum Beispiel Hahn.

3 Kreise die Gegenstände ein, die im Wort ein Dehnungs-h haben.

4 Schreibe die Wörter auf den Gleisen in die richtige Spalte.

ah	eh	oh	uh
Fahrt			

5 Verbinde die richtigen Waggons und schreibe die Wörter auf. Bilde einen Satz mit den Wörtern.

[redacted]

6 Trage die richtigen Wörter ein. Die Buchstaben in den blauen Kästchen ergeben das Lösungswort.

Mit einem Besen kannst du ______.

Er arbeitet in der Schule: ______.

Eine Jahreszeit: ________.

Lösungswort: _ _ _ S E

Wörter mit ß

1 Trage auf jedem Ball den gleichen Buchstaben ein.

2 Was schreibst du unter den Vokal vor dem *ß*: • oder _?

Regel Vor ß steht ein lang gesprochener Vokal.
Beachte: Nach den Doppellauten ei, eu, au, äu steht auch ß, zum Beispiel Sp<u>a</u>ß, dr<u>au</u>ßen.

3 Findest du den Fehler?

4 Finde die Wörter mit *ß* und schreibe sie auf.

b	f	r	o	p	a	n	m	b
r	s	r	l	t	o	ß	b	g
g	i	e	ß	e	n	f	e	s
h	k	w	e	i	ß	j	i	u
e	h	h	ß	f	r	t	ß	z
i	t	g	r	l	ß	k	e	m
ß	f	l	i	e	ß	e	n	i

[redacted]

____

____

5 Schreibe die Gegensätze zu den Wörtern auf die Trikots.

klein und ________ | schwarz und ________ | sauer und ________ | kalt und ________

[redacted]

6 Findest du Wörter, die sich reimen? Schreibe die Reimpaare auf.

[redacted]

______________ ______________ ______________

______________ ______________ ______________

Wörter mit a/ä und au/äu

1 Trage in die Wörter die richtigen Buchstaben aus den rechten Sternen ein.

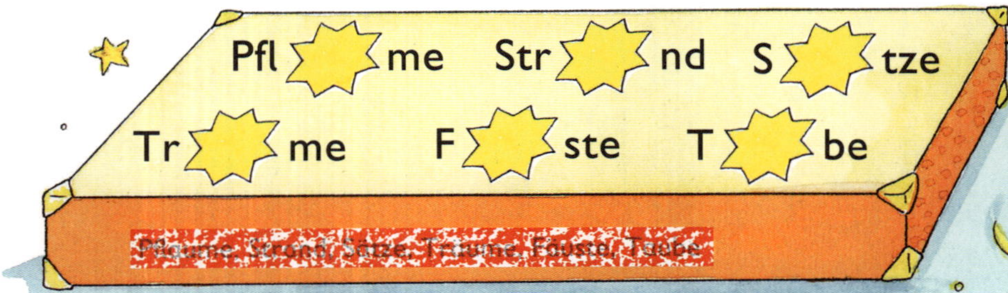

2 Schreibe die Wörter in der Einzahl und in der Mehrzahl auf.

ein Haus

vier Häuser

3 Bei welchen beiden Hasen stimmt etwas nicht? Verbessere die Fehler.

4 Kannst du diese Wörter verkleinern?

Baum	Bäumchen
______	______
______	______
______	______
______	______

Hase – Häschen/Häslein, Zaun – Zäunchen/Zäunlein, Auge – Äuglein/Äugchen, Hand – Händchen/Händlein

5 Schau dir die Lösungswörter von Aufgabe 1–4 genau an. Warum wird in manchen Wörtern *a* zu *ä*? Vervollständige den Tipp.

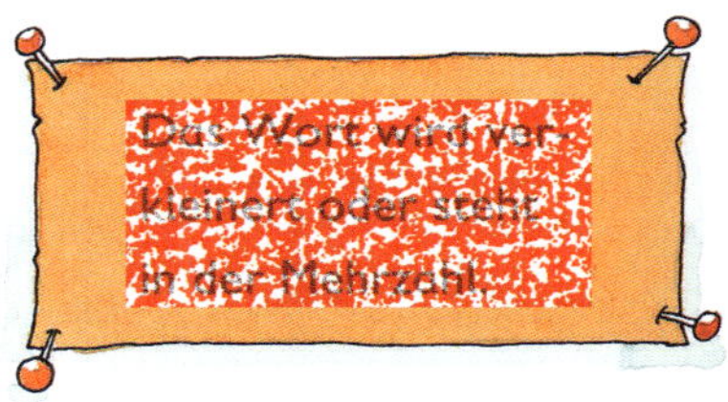

Tipp Aus ____ wird ____ ,
wenn du die Wörter in die Mehrzahl
setzt oder verkleinerst.

6 Male die Hüte in der richtigen Farbe an.
Rot: verkleinerte Wörter, Blau: Mehrzahlwörter,
Grün: Verben.

Wörter mit tz

1 In den Wörtern fehlt immer: tz.
Schreibe die Wörter vollständig auf.

2 Wie sprichst du den Vokal vor dem *tz:*
kurz oder lang?

Regel Vor tz steht immer ein kurz gesprochener Vokal, zum Beispiel Blitz.

3 Welche Dinge mit *tz* findest du im Bild?
Schreibe die Wörter auf die Mauer.

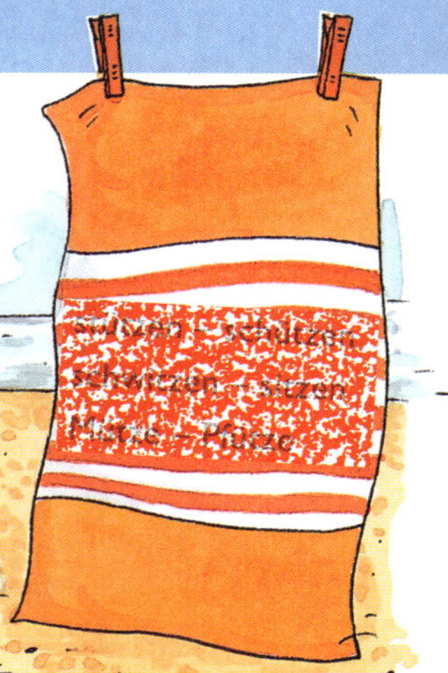

4 Schreibe Reimwörter auf die Handtücher.
Male die passenden Handtücher in der gleichen Farbe an.

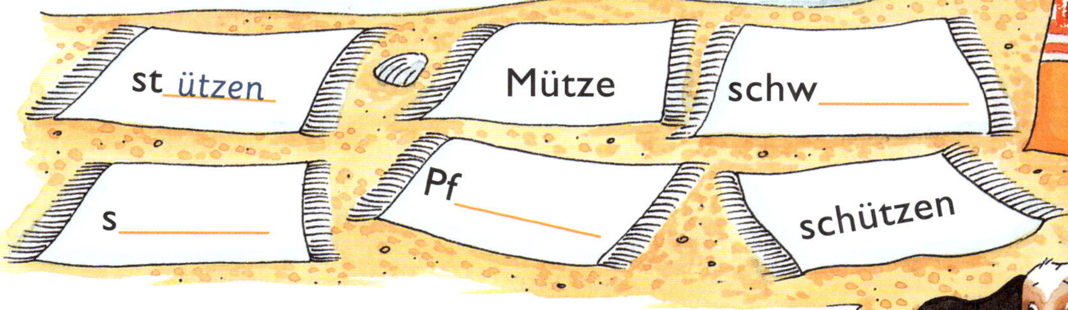

5 Trage die Wörter mit *tz* ein.

Ein Tier, das schnurrt: ☐☐☐☐☐[6].

Zum Gewitter gehören Donner und … ☐☐☐[4]☐☐.

Gegenteil von Kälte: ☐☐☐[2]☐☐.

Beim Sport musst du oft … ☐☐☐☐☐☐☐☐☐[5].

Das Gegenteil von stehen: ☐[1]☐☐☐☐[3]☐.

Lösungswort: ☐[1] ☐[2] ☐[3] ☐[4] ☐[5] ☐[6]

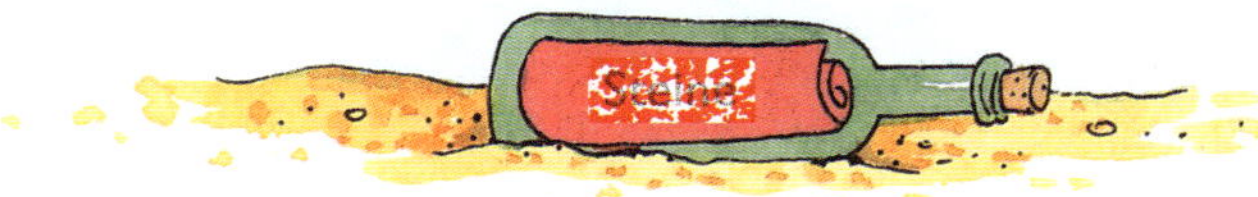

6 Was steht in der Nachricht?
Streiche jeden zweiten Buchstaben.

Schiff ahoi!

Ich heiße Kapitän PAOXTLZABILOIKTPZ ____________. Meine treue Freundin an Bord ist eine KPAQTCZNE ____________. Ich bin auf der Suche nach einem SÖCÄHWARTZZ ____________.

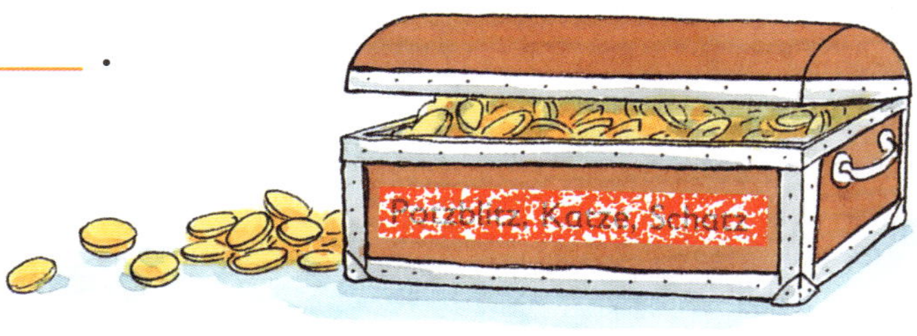

Wörter mit ck

1 Schreibe die Namen der Gegenstände mit Artikel auf.

2 Wie sprichst du den Vokal vor dem *ck*:
lang oder kurz?

Regel Ein ck steht nach einem kurz gesprochenen Vokal, zum Beispiel Rọck, Dẹcke.

3 Ordne die Wörter nach der Anzahl ihrer Buchstaben. Schreibe sie in die richtige Spalte.

Wecker trocken glücklich
schmecken dreckig backen

4 Setze die Silben zusammen und schreibe die Wörter auf.

pflücken, ____________________

____

5 Findest du die Reimwörter?

packen	schlucken	drücken
h______	sp______	b______
b______	z______	R______

6 Lara sucht Wörter mit *ck*.
Umkreise die passenden Bilder.
Schreibe die Wörter unten auf.

____

Wörter mit pf

1 Welcher Ball gehört in welchen Topf?

2 Die Wörter in den Bratwürsten sind rückwärts geschrieben. Schreibe sie richtig auf.

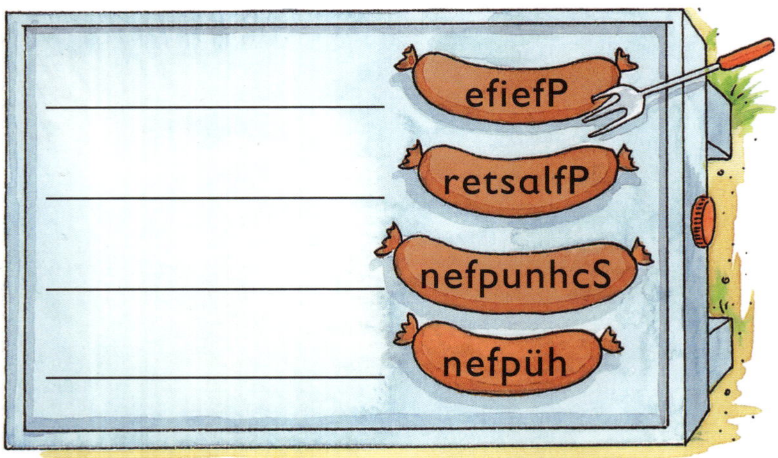

3 Schreibe Wörter mit *pf* auf. Du kannst in der Wörterliste auf Seite 31 nachsehen.

[redacted]

4 Kannst du die Wörter lesen und aufschreiben?

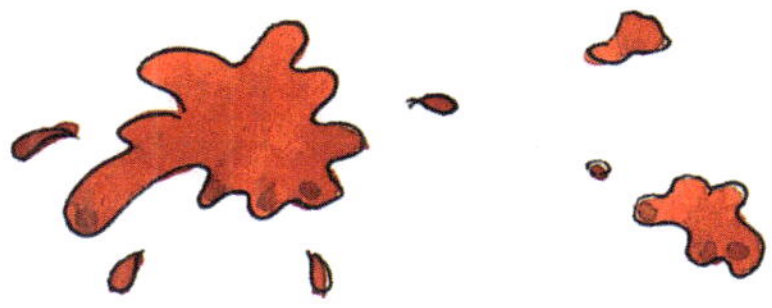

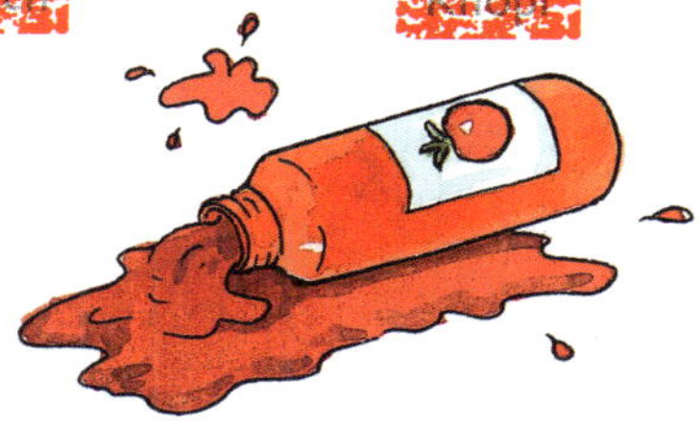

5 Löse das Zahlenrätsel. Auf den Fähnchen siehst du, welche Zahl welchem Buchstaben entspricht.

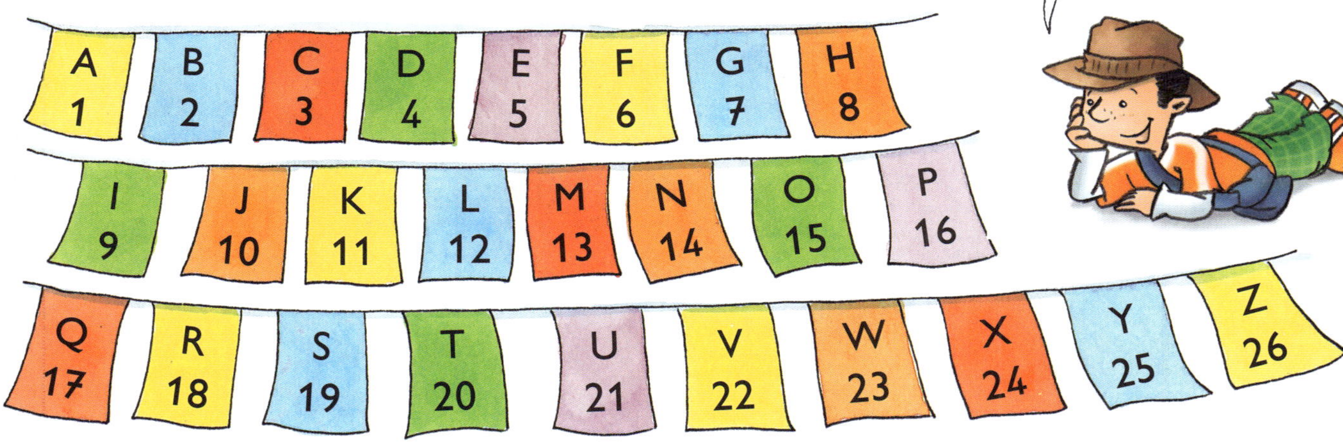

A	B	C	D	E	F	G	H	I	J	K	L	M	N	O	P	Q	R	S	T	U	V	W	X	Y	Z
1	2	3	4	5	6	7	8	9	10	11	12	13	14	15	16	17	18	19	20	21	22	23	24	25	26

16 6 12 1 14 26 5 — ☐ ☐ ☐4 ☐ ☐7 ☐ ☐6

16 6 5 9 12 — ☐ ☐ ☐ ☐3 ☐5

16 6 12 21 7 — ☐ ☐ ☐ ☐ ☐1

19 20 18 21 13 16 6 — ☐ ☐ ☐2 ☐ ☐ ☐ ☐

Lösungswort: ☐1 ☐2 ☐3 ☐4 ☐5 ☐6 ☐7

Wiederholung

1 Ergänze diesen Merksatz.

Wörter, vor denen ein Artikel stehen kann,

heißen ______.

Diese Wörter schreibst du ______.

Tipp Wenn du eine Antwort nicht weißt, schau noch einmal auf Seite 4 nach.

2 Umkreise die Verben.

SCHIMPFEN HÜPFEN FLASCHE

VASE STEHLEN KRANKHEIT

FLIEGEN GRAU

3 Suche Dinge mit *ie* im Wort und schreibe die Wörter auf.

______

4 Setze *ss* oder *ß* ein. Male die T-Shirts mit ss-Wörtern blau und die mit ß-Wörtern grün an.

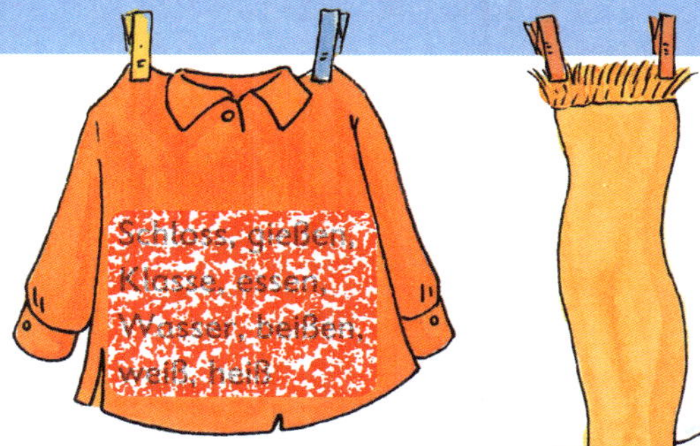
[redacted]

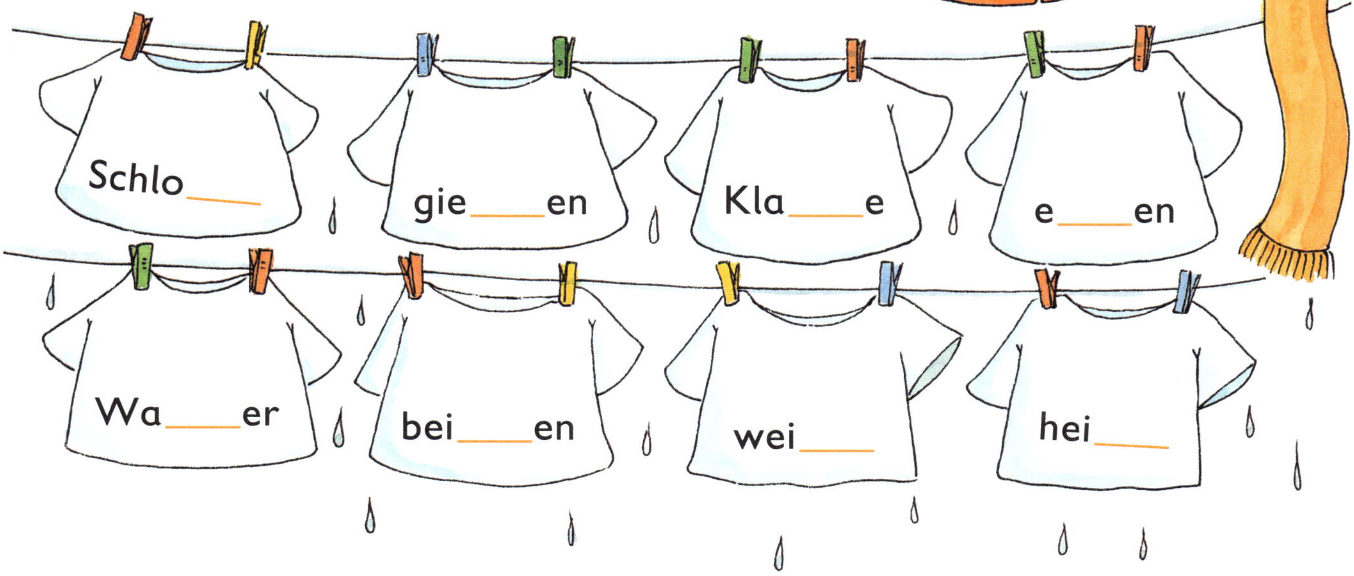

5 Wie viele Wörter in der Liste auf Seite 31 beginnen mit *B* und haben einen doppelten Konsonanten?

____

[redacted]

6 Finde das passende Adjektiv in der Wörterliste auf Seite 31, das dir sagt, *wie* der Gegenstand ist.

r ____________

w ____________

g ____________

b ____________

e ____________

[redacted]

Wörterspiele

Hier findest du Spiele, mit denen du Wörter aus der Liste mit einem Freund oder allein üben kannst.

Stopp-Spiel (2 Spieler)

1. Schließe die Augen.
2. Fahre mit dem Finger die Wörterliste ab.
3. Halte an, wenn dein Mitspieler „Stopp“ ruft.
4. Schreibe das Wort, bei dem du angelangt bist, auswendig auf. Hast du das Wort richtig geschrieben?

Radiergummi-Spiel (1 Spieler)

1. Suche dir ein Wort aus der Liste.
2. Merke es dir gut.
3. Verdecke es mit einem Radiergummi.
4. Schreibe es auswendig auf.
5. Nimm den Radiergummi weg und vergleiche. Schaffst du es fehlerfrei?

Such-Spiel (2 Spieler, Material: Uhr)

1. Dein Partner nennt dir ein Wort aus der Liste.
2. Dein Partner ruft „Los“ und stoppt die Zeit.
3. Suche das Wort auf der Liste.
4. Rufe „Stopp“, wenn du es gefunden hast. Wer benötigt am wenigsten Zeit?

Zehn-Wörter-Diktat (2 Spieler)

1. Lass dir zehn Wörter aus der Liste diktieren.
2. Verbessere diese Wörter zusammen mit deinem Mitspieler. Wer hat die wenigsten Fehler?

Wörterliste

Angel, die
Ähnlichkeit, die
aufregend
Auge, das
Aquarium, das

backen
Bahn, die
Band, das
Bart, der
basteln
beißen
bellen
Besteck, das
Bett, das
Blatt, das
blind
blond
Boot, das
Brief, der
Brücke, die
bunt

Decke, die
Dieb, der
dreckig
drücken
Dummheit, die

eckig
Elefant, der
Erdbeere, die
erzählen
essen

Fahrt, die
Fee, die
fehlen
fliegen
Floß, das
freundlich
Frühling, der
fühlen
Fuß, der
Futter, das

gießen
glücklich
groß
Grüße, die

Haar, das
hacken
hässlich
Häufigkeit, die
heiß
Höflichkeit, die
hoffen
hüpfen

Idee, die
Igel, der

Jahr, das

Kamm, der
Käfig, der
kämpfen
Känguru, das
Klee, der
Knie, das
Knopf, der
Krankheit, die
Krokodil, das
kühl
Kupfer, das

leer
Liebe, die
loben
Löffel, der
Löwe, der
lustig

Meer, das
Messer, das
Möglichkeit, die
Moor, das

nehmen
nicken
Nilpferd, das

Paar, das
packen
Papier, das
Pfanne, die
Pfeife, die
Pflaster, das
pflücken
Pfütze, die

Rahmen, der
rennen
Rettung, die
Riese, der
Rock, der
rollen
Rucksack, der
Rücken, der
rund

saftig
Sahne, die
schäumen
schießen
schimpfen
schlucken
Schnee, der
Schnupfen, der
schrecklich
See, der
spielen
spucken
Strand, der
Straße, die
süß

tanzen
Tapferkeit, die
Tee, der
Teller, der
träumen
trocknen
Tropfen, der

Uhr, die

viel
vielleicht

Waage, die
wählen
wecken
weiß
Wiese, die
wohnen

Zoo, der

Knack den Code

Auf jeder Doppelseite (Seite 4 – 31) findest du eine kleine braune Lupe. Darin steht jeweils eine Zahl.

- Schreibe die Zahlen nacheinander auf die Linien.
- Ersetze sie dann durch die Buchstaben, die auf dem Zettel versteckt sind: zum Beispiel 24 durch den Buchstaben S.
- Trage jeweils den passenden Buchstaben unter der Zahl ein. Wie heißt der Lösungssatz?

CODE

8 =	19 =
14 =	1 =
20 =	24 =
3 =	9 =
17 =	15 =
6 =	22 =
12 =	

__ __   __ __ __ __   __ 17 __

__ __ __ 3 __ 22 __ __ 17 !

Code geknackt:

Datum

Mein Name

Fingerabdruck

Unterschrift

Aufsatz

Für viele Aufgaben dieses Kapitels gibt es nicht nur eine richtige Lösung. Dort sind die Lösungen deshalb nur Vorschläge.
Wann und wo spielt deine Geschichte?
Wer sind die Haupt-personen?
Was passiert in deiner Geschichte?

Stichwörter sammeln

1 a) Tim besichtigt mit seinem Opa eine Ritterburg. Schließe deine Augen und stell dir die Burg vor. Was können die beiden dort alles sehen? Schreibe einige Nomen als Stichwörter auf.

Burggraben,

b) Finde zu allen Nomen passende Adjektive.

der tiefe Burggraben,

2 Konfetti ist auch auf der Burg und entdeckt einen alten Geheimgang.

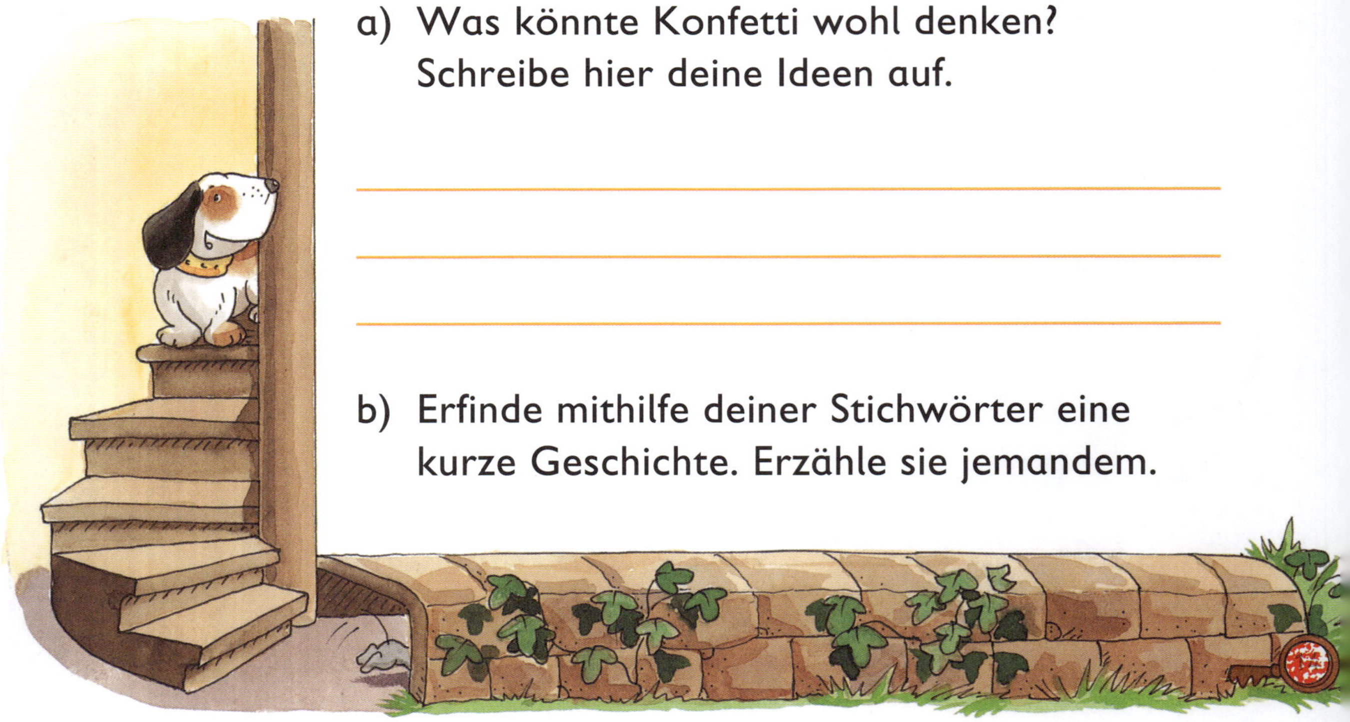

a) Was könnte Konfetti wohl denken? Schreibe hier deine Ideen auf.

b) Erfinde mithilfe deiner Stichwörter eine kurze Geschichte. Erzähle sie jemandem.

3 Während der Besichtigung haben Tim und sein Opa plötzlich den Anschluss an ihre Gruppe verloren. Was *tun* die beiden jetzt? Schreibe Verben auf.

sich ärgern, ______________________

____

____

4 Tim und sein Opa beschließen, allein weiterzugehen. Schreibe passende Wörter auf die leeren Steine. Welchen der drei Wege nehmen die beiden wohl?

Tipp Sammle Stichwörter, bevor du eine Geschichte schreibst. Die Antworten auf die Fragen Wer? Wann? Wo? Was? Wie? helfen dir dabei.

5 Welchen der drei Wege würdest du nehmen? Schreibe dazu eine spannende Geschichte ins Heft. Die Stichwörter in Aufgabe 4 sowie die Satzanfänge helfen dir beim Schreiben.

Eine Einleitung schreiben

1 Lies diesen Teil der Geschichte. Was ist wohl davor passiert? Schreibe passende Stichwörter auf.

[redacted]

Max und Jan kommen vom Schwimmbad zurück. „Oje“, ruft Jan, „Benni hat mein ganzes Zimmer durcheinandergebracht!“ Jan wirft seinem Hund einen strengen Blick zu und ruft böse: „Benni!“ Es war keine gute Idee, ihn alleine zu lassen. Endlich darf der Hund ins Freie und die Jungen fangen an aufzuräumen.

Tipp Die Einleitung gibt eine kurze Einführung in die Geschichte: Von wem handelt sie? Wann und wo passiert sie?

2 Beantworte die folgenden Fragen.

a) Wer kommt in der Geschichte vor?

b) Wann spielt die Geschichte?

c) Wo spielt die Geschichte?

[redacted]

3 Jan hat sein Erlebnis aufgeschrieben. Findest du die vier Fehler in der Einleitung? Verbessere sie mithilfe der Fragen in Aufgabe 2.

Ich wollte ins Schwimmbad gehen. Leider musste ich auf den kleinen Hund aufpassen. Das passte mir überhaupt nicht. Ich beschloss, den Hund einfach zu Hause zu lassen. Er würde nur ein paar Stunden alleine sein. Ich packte mein Schwimmzeug zusammen und machte mich auf den Weg.
Im Schwimmbad traf ich meinen Freund Max.

____

____

4 Schreibe eine passende Einleitung zur Geschichte.
Beantworte die Fragen *Wer? Wann? Wo?*.
Benutze hierfür deine Stichwörter aus Aufgabe 1.

____

____

____

____

5 Kreuze die passende Überschrift an.
Fällt dir auch eine andere Überschrift ein?

- ☐ a) Ein Nachmittag im Schwimmbad
- ☐ b) Ärger mit Benni
- ☐ c) Jan allein zu Haus

Einen Hauptteil und Schluss schreiben

1 a) Lies den folgenden Text.

Dirk, Lena und ihr Vater fuhren in den Urlaub. „Puh, ist der Koffer schwer“, stöhnte der Vater auf dem Weg zum Bahngleis. Sie mussten nicht lange auf den Zug warten und stiegen ein. Langsam setzte sich die Lokomotive in Bewegung.

b) Leider hört die Geschichte an dieser Stelle auf. Der Hauptteil fehlt. Wie könnte die Geschichte weitergehen? Schreibe mindestens drei Ideen auf.

____

____

____

____

[redacted]

Tipp Im Hauptteil deiner Geschichte erzählst du den Höhepunkt. Er kann *spannend, lustig* oder *traurig* sein. Aber du solltest dich auf ein Ereignis beschränken. Erzähle dieses Ereignis sehr ausführlich und mit allen Einzelheiten.

2 Entscheide dich für eine der Ideen aus Aufgabe 1. Schreibe Stichwörter in dein Heft. Die Fragen *Wer? Wann? Wo? Was? Wie?* helfen dir.

3 Erfinde mit deinen Stichwörtern den Hauptteil der Geschichte und erzähle sie jemandem. Schreibe dann den Hauptteil ins Heft.

Tipp Der kurze Schluss sagt dem Leser, wie eine Geschichte ausgeht. Du kannst sagen, was die Hauptpersonen am Ende *denken, fühlen* oder *tun*.

4 Welcher Schluss gefällt dir am besten? Schreibe selbst einen Schluss für deine Geschichte ins Heft.

„War das ein Abenteuer", dachte Dirk, als alles vorüber war.

„Bin ich froh, dass alles so ein gutes Ende gefunden hat", stellte der Vater fest und lächelte erleichtert.

„Endlich sind wir wieder zu Hause", rief Lena glücklich und zufrieden.

5 Aus welchen Teilen sollte ein Aufsatz bestehen? Trage die Wörter in die weißen Kästchen ein.

Satzanfänge

1 Jonas und seine Freunde zelten im Wald.
Was fällt dir an Jonas' Merkzettel auf?

1. Ich kaufe Würstchen und Getränke ein.
2. Dann bauen wir die Zelte auf.
3. Dann sammeln wir Holz aus dem Wald.
4. Dann mache ich das Feuer an.
5. Dann schnitzen wir uns Stöcke.
6. Dann grillen wir.

Fast alle Sätze fangen mit ______________ an.

[redacted]

2 Schreibe andere Wörter für *dann* auf. Verbessere damit Jonas' Merkzettel. Schreibe in dein Heft.

nach einer Weile, ______________________________

____

[redacted]

3 Jonas erzählt abends seiner Mutter vom Zelten.
Was fällt dir auf?

„Wir haben zuerst die Zelte aufgebaut.
Wir haben anschließend ein Feuer gemacht.
Wir haben danach Stöcke geschnitzt.
Wir haben dann leckere Würstchen gegrillt."

Alle Sätze fangen mit _______ an. [redacted]

[redacted]

4 Wiederholungen am Satzanfang kannst du vermeiden, wenn du die Sätze umstellst.
Schreibe die Sätze von Aufgabe 3 wie im Beispiel.

Zuerst haben wir

Tipp Verbinde kurze Sätze, damit deine Geschichte lebendiger wird. Benutze dazu folgende Wörter:
weil, als, nachdem, und, während, denn …
Beispiel: Peter aß einen Apfel. Er hatte Hunger.
Peter aß einen Apfel, weil er Hunger hatte.

5 Kannst du die Sätze lebendiger schreiben?
Verbinde die Sätze, denke an das Komma.

Die Kinder spielen am Bach. Sie entdecken Fische.

Katrin hat nasse Füße. Sie ist in den Bach gefallen.

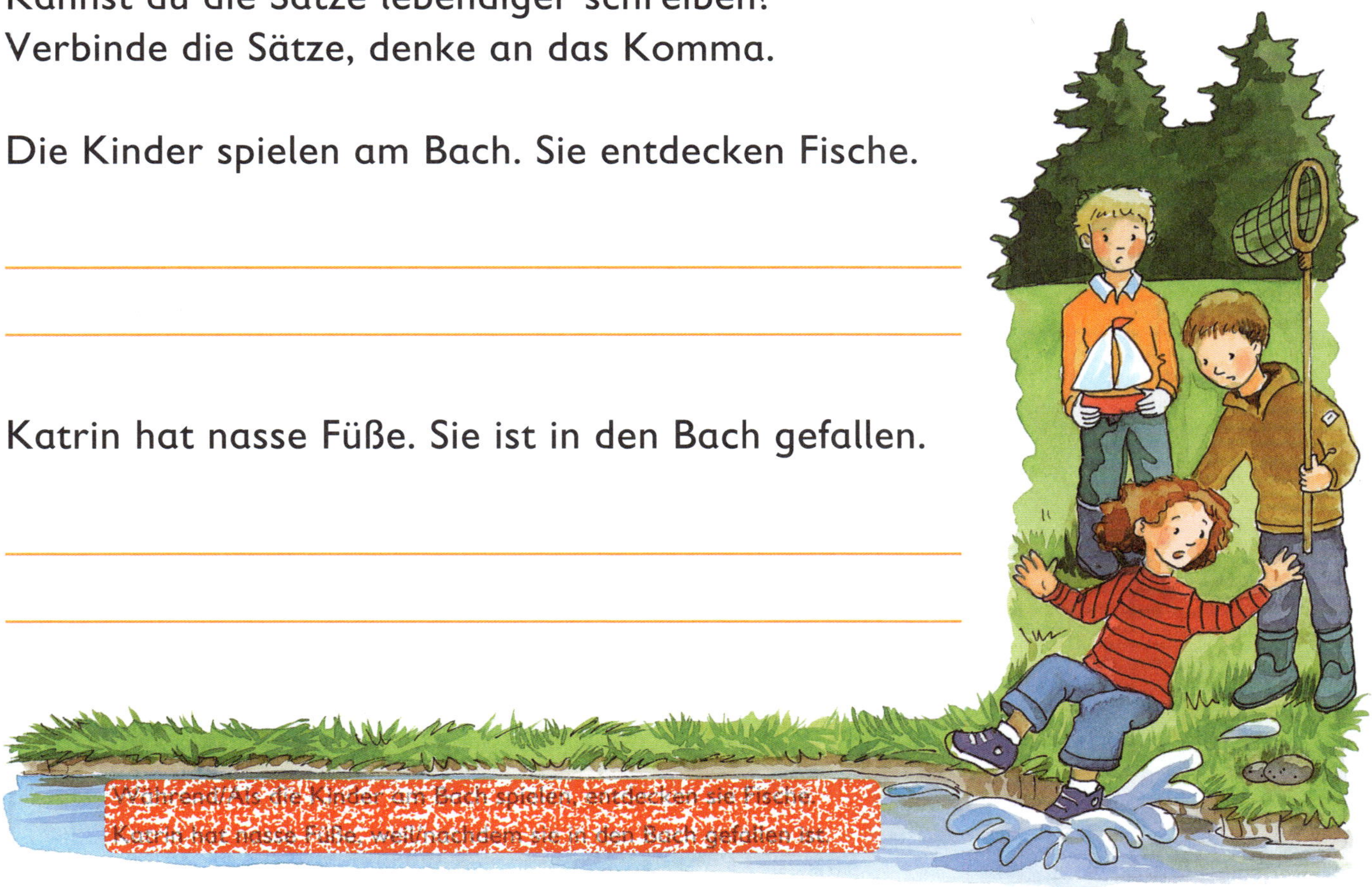

[redacted]

Wörtliche Rede

1 Am ersten Schultag nach den Ferien haben sich alle viel zu erzählen.
Schreibe passende Sätze in die Sprechblasen.

2 Setze die Zeichen der wörtlichen Rede.
Lies zuvor die Regel.

Annette fragt Klaus Wo warst du in den Ferien?
Ich war wandern in den Bergen antwortet Klaus.
Wie schön meint Stefan hast du Fotos gemacht?

Regel Die wörtliche Rede wird mit Anführungszeichen geschrieben. Achte besonders auf die *Kommas.*

Beispiel: Eva sagt: „Ich war in Italien am Meer."
„Ich war in einem Zeltlager", berichtet Kai.
„Wir haben", erzählt Klaus stolz,
„eine Bergwanderung gemacht."

3 Unterstreiche die Verben, die du statt *sagen* verwenden kannst.

rufen schweigen berichten denken flüstern essen fühlen erzählen fragen weinen schimpfen schreien

Tipp Dein Aufsatz wird lebendiger, wenn die Personen *sprechen* und *denken*. Benutze dafür die wörtliche Rede.

4 Setze die passenden Wörter in die Lücken ein.

„Ich war auf einem Berg, der 1700 m hoch ist",
__________ Klaus. „Wirklich?", __________ Stefan.
„Bitte zeige uns deine Fotos", __________ Annette.
Klaus __________ : „Gerne, wenn sie fertig sind."
„Ich war leider nicht im Urlaub", __________ Inga.

5 Schreibe die Unterhaltung weiter.

____

____

____

____

Treffende Verben und Adjektive

1 Wie *gehen* die Tiere auf dem Bild?
Schreibe treffende Verben in der Grundform auf.
Tipp: Manchmal passen mehrere Verben.

1. Pony: ______________________
2. Hund: ______________________
3. Katze: ______________________
4. Gans: ______________________
5. Kaninchen: ______________________

2 Welche anderen Verben für *gehen* kennst du?

____

____

Tipp Dein Aufsatz wird spannender und anschaulicher, wenn du passende Verben und Adjektive benutzt. Vermeide Wiederholungen.

3 Ergänze den Text mit den Wörtern auf dem Tuch.

Sarah ________________ auf ihr Pferd Lilly.

Plötzlich ________________ Konfetti vorbei.

Lilly ________________ nervös auf der Stelle.

Der Reitlehrer ________________ über den Hund.

Der Arme ________________ ängstlich davon.

Sarah ________________ ihn und ________________ :

„Es war doch alles halb so schlimm!“

4 Schreibe passende Adjektive für die Katze im Bild auf.

____

5 Zusammengesetzte Adjektive beschreiben eine Eigenschaft genauer. Verbinde und schreibe auf.

kalt leicht hart

glatt stark scharf

____

____

____

Bildergeschichten

1 Eva hilft ihrem Vater samstags in der Bäckerei.
Nummeriere die Bilder von 1–4 in der richtigen Reihenfolge.

2 Schreibe zu jedem Bild Stichwörter in dein Heft,
zum Beispiel: Was *denkt/fühlt/sagt* Eva?

3 Schreibe die Antworten auf die W-Fragen ins Heft.

4 Was passiert zwischen dem zweiten und dritten Bild?
Schreibe in dein Heft, was Eva *denkt/fühlt/sagt.*

5 Schreibe auf, was Eva und ihr Vater in der Bildergeschichte miteinander sprechen könnten.

Bild 1: *„Schau mal, Papa, ich bringe frische Brötchen aus der Backstube!", ruft Eva.*

Bild 2: ______________________________

Bild 3: ______________________________

Bild 4: ______________________________

6 Schreibe die ganze Geschichte in dein Heft.
Benutze dabei die Stichwörter aus Aufgabe 2.
Finde auch eine passende Überschrift.

Tipp Beachte bei einer Bildergeschichte diese Punkte:

1. Notiere dir Stichwörter.
2. Schreibe dann die Geschichte so auf, dass man sie auch ohne Bilder verstehen kann.
3. Beschreibe, was zwischen den Bildern passiert.
4. Gib den Personen Namen und beschreibe, was sie denken, fühlen und sagen.

Erzählen aus verschiedenen Perspektiven

1 Simon ist beim Fußballspiel gefoult worden. Es gibt einen Elfmeter. Entscheide dich, wie dieser ausgeht und male das Bild in den leeren Rahmen. Umkreise die Wörter, die zu deinem Bild passen.

2 Stell dir jetzt vor, du bist der Torwart beim Spiel. Schreibe die Geschichte aus seiner Sicht ins Heft. Die Sätze in den Toren helfen dir.

Tipp Du kannst aus der Perspektive eines Beteiligten schreiben (Torwart, Spieler, Schiedsrichter …).
Beispiel: Der Torwart dachte: „Den Ball halte ich!“
Oder du schreibst aus der Ich-Perspektive.
Beispiel: Ich dachte: „Ob ich wohl treffe?“

3 Stell dir vor, du bist die Reporterin und schreibst über den Elfmeter. Die Wörter in Aufgabe 1 helfen dir.

____

____

____

____

____

4 Simon erzählt seinem Freund vom Fußballspiel. Vor Aufregung bringt er alles durcheinander. Trage die Zahlen von 1–10 in die Kästchen ein. Schreibe die Sätze anschließend richtig ins Heft.

- ☐ Es ging weiter. Endlich bekam ich wieder den Ball zugespielt.
- ☐ Der Schiedsrichter rief: „Elfmeter!“
- ☐ Der Gegner stellte mir ein Bein mitten im Strafraum.
- ☐ Ich schrie: „Unverschämtheit!“
- ☐ Flink wie ein Wiesel spielte ich den Ball vor mir her.
- ☐ Aber was war das?
- 1 Das war unser letztes Spiel in der Saison und deshalb sehr wichtig. Es stand 2 : 2.
- ☐ Ich hörte den Pfiff des Schiedsrichters. Nun warteten alle gespannt auf die Entscheidung.
- ☐ Beim Elfmeter stand ich Auge in Auge mit dem Torwart. Ich schoss und traf ins Tor!
- ☐ Ich bekam den Ball, rannte zum Tor und zielte. Leider daneben!

Reizwortgeschichten

1 Pia und Julia erschrecken vor einem Gespenst. Wer hat sich da wohl verkleidet? Schließe deine Augen und stelle dir eine Geschichte zum Bild vor. Die Wörter auf der Truhe sollten darin vorkommen.

2 Sammle zu jedem der Reizwörter Stichwörter und schreibe sie in die leeren Blasen.

3 Beantworte die W-Fragen in deinem Heft.

Wann und wo spielt deine Geschichte?

Wer sind die Hauptpersonen?

Was passiert in deiner Geschichte?

4 Verwende in deiner Geschichte treffende Verben.
Streiche die Wörter durch, die nicht passen.

schlafen lachen bibbern
erschrecken wegrennen
fürchten schreien tanzen

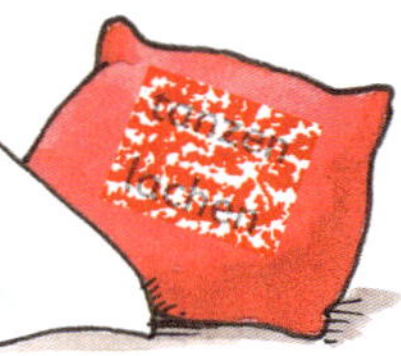

5 Schreibe die Gedanken der Personen in dein Heft.
So wird deine Geschichte spannend.

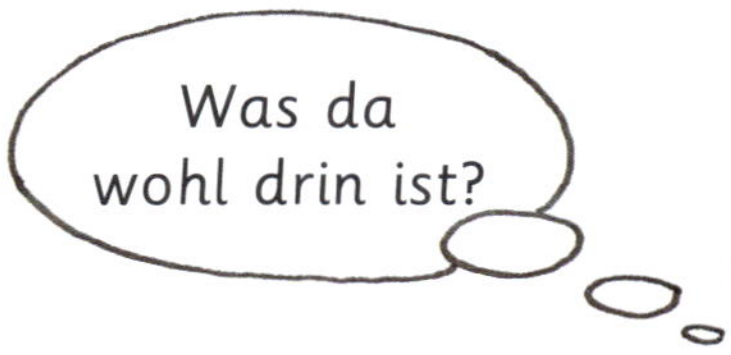

6 a) Lies dir den Tipp genau durch.
Schreibe dann die Reizwortgeschichte ins Heft.
Vergiss nicht, die drei Reizwörter zu unterstreichen.

b) Finde eine passende Überschrift zur Geschichte.

Tipp Denke an Einleitung, Hauptteil und Schluss.
Wörtliche Rede macht deine Geschichte lebendig.
Benutze passende Adjektive und Verben.
Verwende verschiedene Satzanfänge.

Erlebniserzählung

1 Unterstreiche passende Stichwörter zum Bild. Achte auf die Fragen *Wer? Wann? Wo? Was? Wie?*

Tinas Familie, in den Bergen, am See, Sommertag, nachts, Spaziergang, Wanderung, Koffer, schwerer Rucksack, Anstrengung, Kälte, Hitze, Mittagsschlaf, Erschöpfung, Tinas Freunde

Tinas Familie, in den Bergen, Sommertag, Wanderung, schwerer Rucksack, Anstrengung, Hitze, Erschöpfung

2 Trage die Stichwörter aus Aufgabe 1 in die Tabelle ein.

Einleitung

Tinas Familie, in den Bergen, Sommertag, Wanderung

Hauptteil

schwerer Rucksack, Anstrengung, Hitze, Erschöpfung

3 Die Wanderung ist sehr anstrengend. Wie *fühlt* sich Tina dabei? Schau dir das Bild an und finde passende Wörter.

z. B. müde, erschöpft, verschwitzt, durstig ...

4 Tina hat sich den Fuß verstaucht und kann nicht weiterlaufen. Was könnten die Familienmitglieder sagen? Überlege dir ein passendes Gespräch.

Tina: ______________________________

____

Vater: ______________________________

____

____

Mutter: ______________________________

____

5 Wie könnte die Geschichte ausgehen?
Denke dir einen kurzen Schluss aus.

6 Lies dir die Punkte auf der Checkliste genau durch.
Schreibe nun die Erlebniserzählung in dein Heft.

Checkliste

- ☐ Enthält die Einleitung Antworten auf die Fragen *Wer? Wo? Wann?*
- ☐ Erzählst du nur *ein* Ereignis im Hauptteil?
- ☐ Ist dein Höhepunkt lebendig und anschaulich?
- ☐ Ist dein Schluss kurz und passend?
- ☐ Verwendest du die wörtliche Rede?
- ☐ Benutzt du treffende Verben und Adjektive?
- ☐ Achtest du auf unterschiedliche Satzanfänge?
- ☐ Beschreibst du die Gefühle der Personen?
- ☐ Spielt deine Geschichte durchgängig in derselben Zeit: hier in der Vergangenheit?

1 Lars' Fahrrad ist verschwunden. Er beschreibt sein Fahrrad einem Polizisten. Welche Angaben fehlen? Schreibe sie auf die Linien unten.

2 Beschreibe Lars' Fahrrad genau. Was fällt dir auf, zum Beispiel Fahrradtyp, Marke, Farbe, besondere Teile?

3 Beschreibe die besonderen Teile an Lars' Rad genauer. Benutze passende Adjektive.
Beschreibe auch das Material, zum Beispiel ledern …

a) Klingel: rot, rund, glänzend

b) Luftpumpe: ______________________

c) Satteltasche: ______________________

d) Fähnchen: ______________________

4 Ordne die Sätze. Der Tipp hilft dir.

- ◯ Es ist grün lackiert und hat gelbe Streifen.
- ◯ Zusätzlich hat es eine weiß-rote Fahne.
- ◯ Es ist ein Mountainbike.
- ◯ Mir wurde mein „Ravi"-Fahrrad gestohlen.

5 Wähle eines der Räder aus und schreibe eine Beschreibung in dein Heft.

Tipp Eine Gegenstandsbeschreibung muss genau sein: Beginne mit allgemeinen Angaben (zum Beispiel Form, Größe, Farbe, Material), beschreibe dann Besonderheiten (zum Beispiel beschädigte Stellen, Beschriftung). Benutze passende Adjektive.

Einen Brief schreiben

1 Setze die Wörter im Sand in die passenden Lücken ein.

____

_______________ ,

ich mache gerade Ferien _______________ .

Das ist eine Insel in der Ostsee.

Das Wetter ist schön, aber es ist hier

sehr windig. Gestern habe ich _______________

_______________ am Strand steigen lassen.

Er hat lustig _______________ getanzt.

Stell dir vor, nächste Woche machen wir

einen Ausflug mit dem Segelboot.

_______________ , deine Lisa

Viele Grüße
im Wind
25. August
meinen Drachen
Liebe Oma
auf Rügen

Tipp Achte in deinem Brief auf diese Reihenfolge:

1. Datum (eventuell auch dein Wohnort)
2. Anrede bei Freunden/Verwandten: Liebe/Lieber; bei Erwachsenen: Sehr geehrte Frau/geehrter Herr
3. Text, 4. Gruß

2 Was gehört auf einen Briefumschlag? Kreuze an.

- [x] a) Absender
- [ ] b) Name des Empfängers
- [ ] c) Straße
- [ ] d) Hausnummer
- [ ] e) Telefonnummer
- [ ] f) Geburtstag
- [ ] g) Postleitzahl
- [ ] h) Stadt
- [ ] i) Briefmarke

3 Findest du jeweils eine passende Anrede
und einen passenden Gruß?
Tipp: Es gibt mehrere Möglichkeiten.

a) 

_______________ Tante Anna

_______________, deine Lisa

b) 

_______________ Herr Schwarz

_______________, Ihre Lisa

a) Liebe … / Hallo … — Liebe Grüße / Bis bald / Alles Liebe
b) Lieber … / Sehr geehrter … — Mit herzlichen Grüßen / Bis bald

4 Der Brief ist nicht mehr vollständig.
Schreibe ihn mithilfe der Stichwörter in dein Heft.
Denke an eine passende Anrede und einen Gruß.

Tipp Klebe einen Knopf mit einem Muster auf einen Korken. Sobald der Kleber trocken ist, tropfst du mit einer Kerze ein wenig Wachs auf den Knopf. Jetzt kannst du ihn als Siegel auf deinen Brief drücken.
Achtung: Zündele niemals ohne einen Erwachsenen.

Über etwas berichten

1 a) Im Freibad tritt Anna aus Versehen auf Ninas Brille. Zu Hause berichtet sie ihrer Mutter davon. Welche Angaben muss Anna machen?

____

____

____

____

b) Kannst du die folgenden Fragen beantworten?

1. Wer war beteiligt? ______________________
2. Wann geschah der Vorfall? ______________________
3. Wo geschah er? ______________________
4. Was geschah genau? ______________________
5. Was waren die Folgen? ______________________

1. Anna und Nina 2. am Nachmittag 3. im Freibad
4. Anna trat auf Ninas Brille 5. Die Brille ist kaputt.

Tipp In einem Bericht müssen die Fragen Wer? Wann? Wo? Was? genau beantwortet werden. Ein Bericht steht in der Vergangenheit. Gefühle, Gedanken und Kommentare solltest du vermeiden.

2 Schneide aus einer Zeitung einen interessanten Bericht. Unterstreiche darin die Antworten auf die Fragen *Wer? Wann? Wo? Was?*

3 Auch Nina berichtet zu Hause von dem Unfall.
Was macht sie falsch?

„Ich bin mit Anna heute
Nachmittag im Freibad.
Plötzlich tritt sie auf meine Brille.
Die Brille geht leider kaputt.“

4 Verbessere Ninas Bericht und schreibe alle Verben in der Vergangenheit auf.

5 Annas Mutter schreibt einen Versicherungsbericht.
Welche Einleitung findest du am besten?
Begründe deine Meinung.

A Im Freibad passte Anna nicht richtig auf und da passierte es: Die Brille ging kaputt.

B Am 05.07.16 um 16.30 Uhr beschädigte Anna Hilser im Freibad Nürnberg beim Ballspielen die Brille von Nina Klein.

C Anna geht oft ins Freibad in Nürnberg.
Aus Versehen beschädigte sie letztes Mal die Brille von ihrer Freundin Nina.
Es passierte am 05.07.16. Es tat ihr leid.

6 Hast du selbst schon einmal einen Unfall gesehen?
Schreibe dazu einen Bericht in dein Heft.
Denke an die Fragen *Wer? Wann? Wo? Was?*.

1 Lies, was die Oma zu Martin sagt.
Schreibe auf, was sie damit meint.

2 In mehreren Redensarten kommt das Wort *Herz* vor.
Verbinde die Sätze mit der passenden Abbildung.
Male dann die Bilder an.

a) Martin erzählt seiner Oma, warum er so traurig ist.

b) Martin geht in den dunklen Keller. Plötzlich huscht eine Ratte an ihm vorbei. Stocksteif bleibt er stehen.

c) Martins Hund ist verschwunden. Als er ihn endlich findet, ist er erleichtert.

1 Das Herz rutscht in die Hose.

2 Ein Stein fällt vom Herzen.

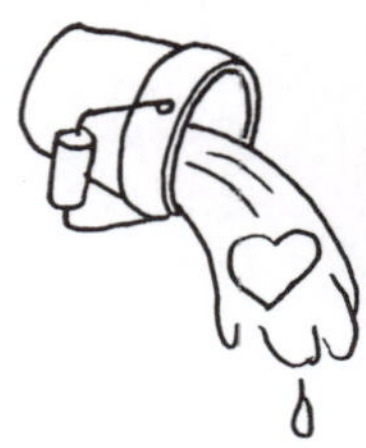

3 Das Herz ausschütten.

3 Bestimmt ist auch dir schon einmal das Herz in die Hose gerutscht. Wie hast du dich dabei gefühlt? Schreibe passende Stichwörter in dein Heft.

4 Schreibe die Sprichwörter richtig auf.

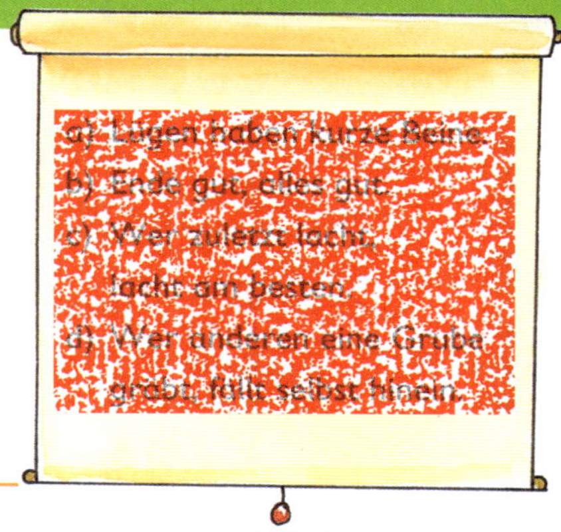

a) Mäuse haben kurze Beine.

____

b) Mäuse gut, alles gut.

____

c) Wer zuletzt maust, maust am besten.

____

d) Wer anderen eine Maus gräbt, fällt selbst hinein.

____

5 Fällt dir zu den Sprichwörtern in Aufgabe 4 eine Geschichte ein? Schreibe sie auf.

6 Trage die fehlenden Wörter in die Kästchen ein. Die blauen Felder verraten dir das Lösungswort.

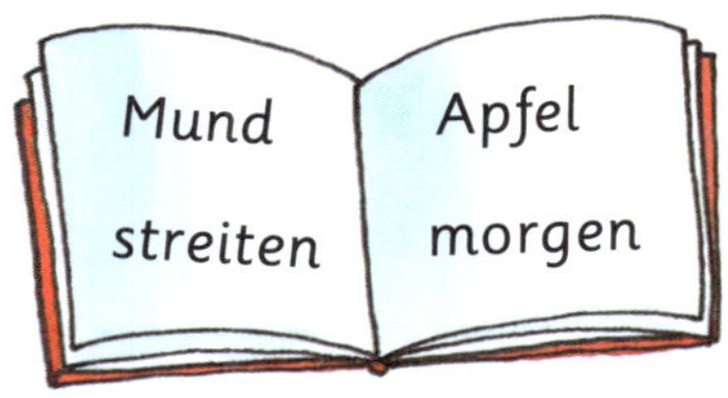

a) Wenn zwei sich ______________ ,
freut sich der Dritte.

b) Der ________ fällt nicht weit vom Stamm.

c) Was du heute kannst besorgen,
das verschiebe nicht auf ______________ .

d) Morgenstund hat Gold im ______________ .

a) streiten b) Apfel c) morgen d) Mund   Lösungswort: SAND

Knack den Code

Auf jeder Doppelseite (Seite 34 – 61) findest du eine kleine braune Lupe. Darin steht jeweils eine Zahl.

- Schreibe die Zahlen nacheinander auf die Linien.
- Ersetze sie dann durch die Buchstaben, die auf dem Zettel versteckt sind: zum Beispiel 7 durch den Buchstaben E.
- Trage jeweils den passenden Buchstaben unter der Zahl ein. Wie heißt der Lösungssatz?

CODE

17 =	11 =
21 =	13 =
15 =	9 =
3 =	8 =
5 =	14 =
18 =	7 =

___	___	___	___	7	___	___	___ ,

___	7	___	___	___	7	___	___	5	___	9	18 !

Code geknackt:

Fingerabdruck

Datum

Mein Name

Unterschrift

Grundrechenarten

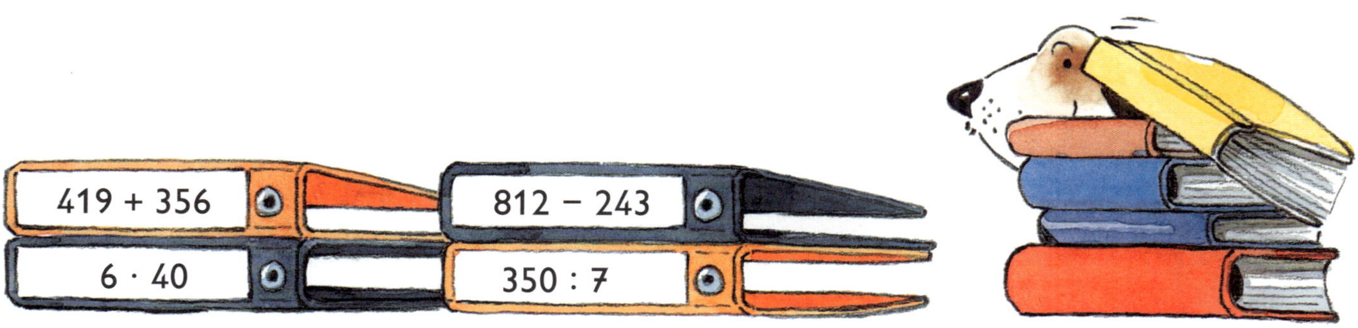

Halbschriftliches Rechnen

1 Rechne halbschriftlich.

Ein Elefant frisst
pro Tag 348 kg Früchte
und 245 kg Blätter.
Wie viel kg frisst er
insgesamt?

____

____

____

Er frisst __________ kg.

Tipp Du kannst halbschriftlich subtrahieren und addieren, indem du die Zahlen zerlegst.

Beispiel Addition:		*Beispiel Subtraktion:*
236 + 562 = ?		2 184 − 673 = ?
236 + 500 = 736	Hunderter	2 184 − 600 = 1 584
736 + 60 = 796	Zehner	1 584 − 70 = 1 514
796 + 2 = 798	Einer	1 514 − 3 = 1 511

2 Das Delfinweibchen wiegt 193 kg. Das Junge ist 168 kg leichter. Wie viel kg wiegt es?

____

____

____

Es wiegt __________ kg.

Tipp Halbschriftlich multiplizieren kannst du so:

Beispiel: 622 · 4 = ?

600 · 4 = 2 400 Erst mit den Hundertern multiplizieren,
20 · 4 = 80 dann mit den Zehnern,
2 · 4 = 8 dann mit den Einern.

Zum Schluss die Teilergebnisse addieren:
2 400 + 80 + 8 = 2 488

3 Ein Affenbaby bekommt 6-mal am Tag 365 ml Milch. Wie viel trinkt es insgesamt?

Tipp Zerlege beim halbschriftlichen Dividieren die Aufgabe in Teilaufgaben, die beim Teilen aufgehen.

Beispiel: 6 840 : 6 =

6 000 : 6 = 1 000
600 : 6 = 100 840 wird zerlegt in 600
240 : 6 = 40 und in 240.

Zum Schluss alle Teilergebnisse addieren:
1 000 + 100 + 40 = 1 140

4 9 Krokodile fressen zusammen 9 522 kg Fleisch. Wie viel kg Fleisch frisst ein Krokodil?

Schriftliche Addition

1 Moni kauft vom Gemüse 1 kg Tomaten und 1 kg Karotten. Vom Obst kauft sie je 1 kg Äpfel, Orangen und Bananen. Wie viel € muss Moni für Obst und Gemüse jeweils bezahlen?

HZE

2,30 €
\+ ______ €

______ €

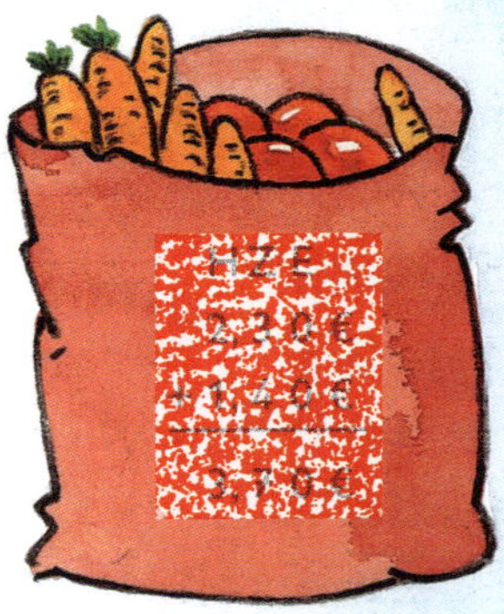

HZE

______ €
\+ ______ €
\+ ______ €

______ €

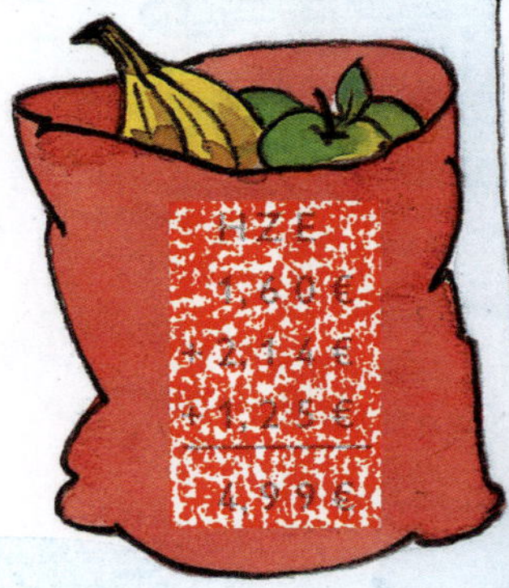

Regel So addierst du schriftlich:

1. Schreibe die Zahlen stellenrichtig untereinander (Hunderter = H, Zehner = Z, Einer = E).
2. Setze das Pluszeichen.
3. Zeichne die Linie mit dem Lineal.
4. Addiere immer von rechts nach links und von unten nach oben.
5. Schreibe die Ergebniszahl an die richtige Stelle.

Beispiel:

HZE
253
\+ 316

569

2 Rechne die Aufgaben.

HZE	HZE	HZE
207	803	455
+162	+184	+314

3 Karlo kauft 1 kg Bananen, 1 kg Äpfel und eine Melone.
Wie viel € muss er bezahlen? Schreibe die Zahlen stellenrichtig untereinander ins Heft.

4 Rechne die Aufgaben in deinem Heft aus.

a) 671 + 215
b) 250 + 536

c) 123 + 456
d) 876 + 23

e) 401 + 313
f) 659 + 40

5 Kannst du die richtigen Zahlen ergänzen?

	2 3 3
+	☐ 2 6
	6 5 9

	7 ☐ 2
+	2 5 6
	9 8 8

	2 4 2
+	5 5 ☐
	☐ 9 7

Schriftliche Addition mit Übertrag

1 Schreibe die Überträge an die richtige Stelle, rechne aus und vervollständige die Sätze.

a)
```
  683
+ 236
-----

-----
```
Denn ______ .

b)
```
  542
+ 419
-----

-----
```
Denn ______ .

Regel So addierst du schriftlich:

```
  H Z E
  5 6 8
+ 3 1 7
    1
-------
  8 8 5
```

Einer addieren, Übertrag (denn 7 + 8 = 15),
Zehner addieren,
Hunderter addieren.

2 Rechne die Aufgaben. Schreibe den Übertrag rot.

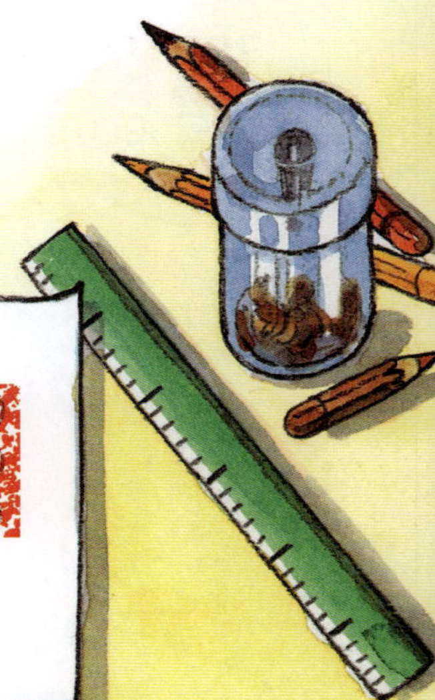

a)
```
  837
+ 123
-----

-----
```

b)
```
  309
+ 379
-----

-----
```

c)
```
  526
+ 315
-----

-----
```

3 Rechne die Aufgaben in deinem Heft.

419 + 356	795 + 107
113 + 508	327 + 564

4 Streiche die Fehler auf dem Block rot an.

```
   809          783
+   20         +256
+  109         + 63
   1 1
 -----         ----
 1 118          992
```

5 Rechne im Heft. Schreibe die Ergebnisse auf.

a) 364 + 453 =

b) 525 + 178 + 32 =

c) 908 + 493 + 139 =

d) 666 + 555 + 19 =

e) 752 + 401 + 27 =

f) 374 + 291 + 149 =

g) 123 + 456 + 789 =

h) 714 + 109 + 120 =

Schriftliche Addition mit großen Zahlen

1 Löse die Aufgabe.

```
   1 1 9
+ 2 3 0 2
+   5 4 5
+   7 6 7
---------
```

Tipp Beachte die Regeln von Seite 66 und 68.
Achtung: Die Übertragszahlen können größer als 1 sein.

Beispiel:

```
    7 988
+     856
+   1 349
+     207
    2 2 3
---------
   10 400
```

2 Susi und Petra müssen bei dem Spiel möglichst viele Punkte sammeln. Wer ist die Siegerin? Rechne in deinem Heft aus.

3 Schreibe die Zahlen in den Seifenblasen richtig in die Stellenwerttabelle und addiere sie dann.

ZT	T	H	Z	E

4 Addiere die Zahlen in einer Stellenwerttafel.

56 783 + 124 000 + 3 490 + 128 + 6 424 + 62

5 Mit welchen Zahlen erhältst du die Ergebnisse 8 433 und 4 721? Notiere die Zahlen zuerst mit Bleistift.

    ______
\+ ______
8 433

    ______
\+ ______
4 721

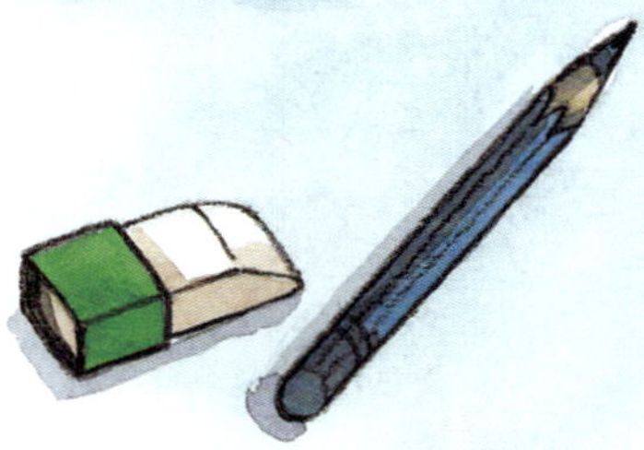

Schriftliche Subtraktion

1 Rechne aus, wie viel € der große Bär mehr kostet als der kleine.

87 €
– ___ €
___ €

Denn 6 + ______
ist gleich ______ .
Denn 4 + ______
ist gleich ______ .

Tipp Subtrahiere, wie du es aus der Schule kennst. Beginne immer mit den Einern.

Beispiel:

HZE
785
– 431
354

2 Wie viel € kostet die Hundeleine mehr als der Fressnapf?

___ €
– ___ €
___ €

Denn ______
ist gleich ______ .
Denn ______
ist gleich ______ .

3 Karlo muss insgesamt 58 € zahlen.
Er hat 99 € in seinem Geldbeutel. Wie viel € hat er noch übrig, nachdem er bezahlt hat?

____

– ________

____

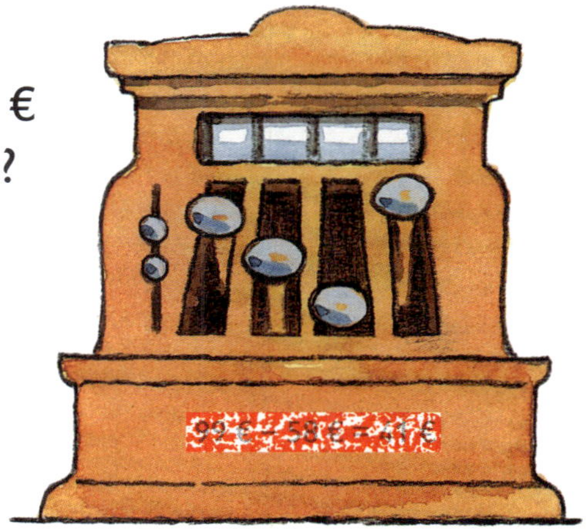

4 Rechne die Aufgaben in deinem Heft aus.

5 In jedem Luftballon sind 2 Zahlen. Bilde damit eine Aufgabe, rechne aus und trage das Ergebnis ein.
Tipp: Ziehe die kleine Zahl von der großen ab.

Schriftliche Subtraktion mit Übertrag

1 Wie viele Sekunden ist Jens beim 800-Meter-Lauf langsamer als Tom?

Jens: 243 Sekunden
Tom: 199 Sekunden

Tipp Du musst mit Übertrag rechnen, wenn die Stelle der unteren Zahl größer als die Stelle der oberen Zahl ist.

Beispiel:

$$\begin{array}{r} 73 \\ -\ 28 \\ {\scriptstyle 1} \\ \hline 45 \end{array}$$

2 Wer gewinnt beim zweiten Lauf? Mit wie vielen Sekunden Vorsprung? Rechne im Heft.

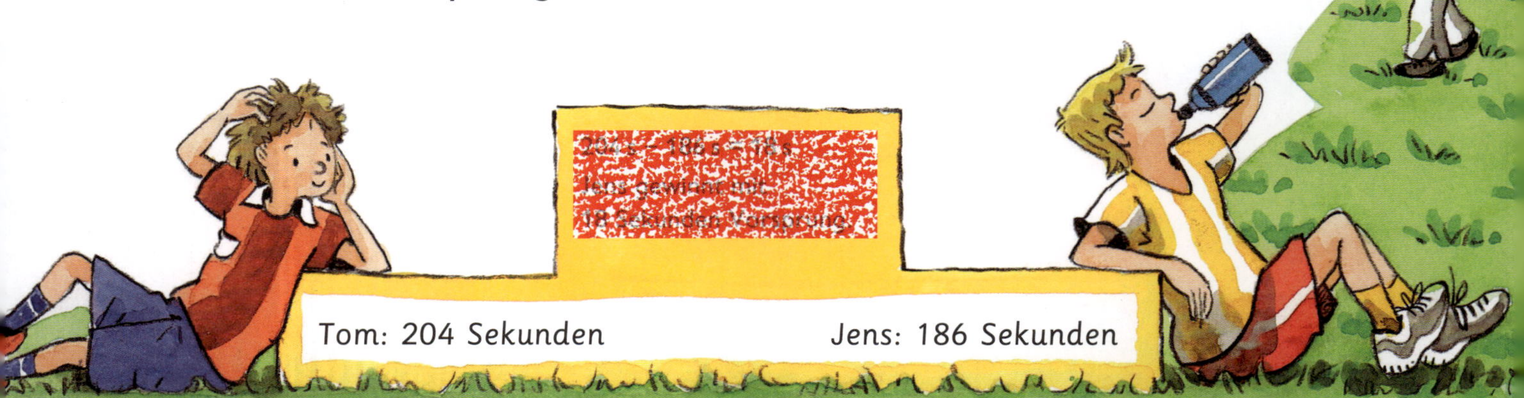

3 Wie viele Sekunden ist die Siegerin jeweils schneller?

a) Tina: 281 Sekunden
Gabi: 217 Sekunden

b) Anne: 300 Sekunden
Lea: 247 Sekunden

c) Bea: 261 Sekunden
Anja: 219 Sekunden

d) Eva: 265 Sekunden
Steffi: 282 Sekunden

4 Rechne die Aufgaben in deinem Heft und trage die Ergebnisse ein.

a) 69 142 − 43 702 = ______
b) 963 117 − 874 561 = ______
c) 9 634 − 4 123 = ______
d) 987 456 − 364 987 = ______
e) 468 299 − 238 164 = ______
f) 196 487 − 97 631 = ______
g) 798 421 − 627 893 = ______
h) 445 618 − 442 999 = ______
i) 213 527 − 209 645 = ______

[redacted]

5 Finde die Fehler und rechne in deinem Heft richtig.

a)
```
  6 893
− 4 297
   1 1
───────
  1 506
```
[redacted]

b)
```
  7 521
− 3 970
   2 1
───────
  2 561
```
[redacted]

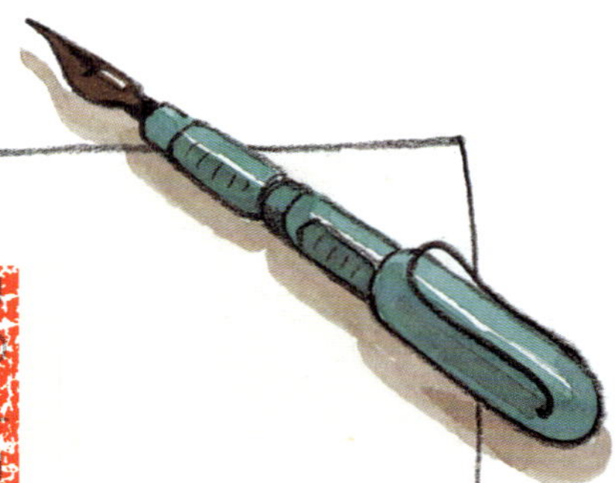

Schriftliche Subtraktion mit mehreren Zahlen

1 Karlo kauft ein Heft und eine Schachtel Tintenpatronen. Er hat einen 5-€-Schein. Wie viel Geld bekommt er zurück?

  5,00 €
– ____ €
– ____ €

____ € Rückgeld

Tipp Ziehst du 3 oder mehr Zahlen voneinander ab, so werden die kleineren Zahlen zuerst addiert und dann von der großen Zahl abgezogen.

Beispiel:

526	4 + 9 = 13 →	13 + 3 = 16
– 149	1 + 3 + 4 = 8 →	8 + 4 = 12
– 134	1 + 1 + 1 = 3 →	3 + 2 = 5
11		
243		

2 Benjamin kauft eine Hose und ein Hemd. Er bezahlt mit einem 100-€-Schein. Wie viel Geld bekommt er zurück?

  100,00 €
– ______ €
– ______ €

______ €
Rückgeld

3 Wie viel Geld bleibt jeweils übrig?

a) 10,00 € – 1,73 € – 1,26 € = ______

b) 20,00 € – 1,73 € – 4,29 € – 3,12 € = ______

4 Schreibe die Zahlen auf den Kinositzen der Größe nach geordnet auf und rechne.

5 Rechne die Kettenaufgaben in deinem Heft. Schreibe die Zahlen richtig untereinander.

Schriftliche Multiplikation

1 Wer hat die meisten Sprünge geschafft?

Name:	Sandra	Beate	Susi
Sprünge:	4-mal 12	3-mal 23	2-mal 34

Sandra: 12 · 4 ______

Beate: 23 · 3 ______

Susi: 34 · 2 ______

Die Beste ist: ____________________ .

[redacted]

Regel So multiplizierst du halbschriftlich:

1. Schreibe immer die größere Zahl zuerst auf.
2. Rechne immer von rechts nach links.
3. Die erste Ergebniszahl wird genau unter die Zahl mit der du malnimmst geschrieben.

Beispiel:

231 · 2	2 · 1 = 2 Schreibe 2.
462	2 · 3 = 6 Schreibe 6.
	2 · 2 = 4 Schreibe 4.

2 Konfetti schafft 11-mal 5 Sprünge nacheinander.
Wie viele Sprünge sind das insgesamt?

____ · 5

______

3 Rechne die Aufgaben aus. *Tipp:* Wenn du mit 0 multiplizierst, ist das Ergebnis immer 0.

4 Welche Griffe passen zueinander? Schreibe das Ergebnis in den Griff.

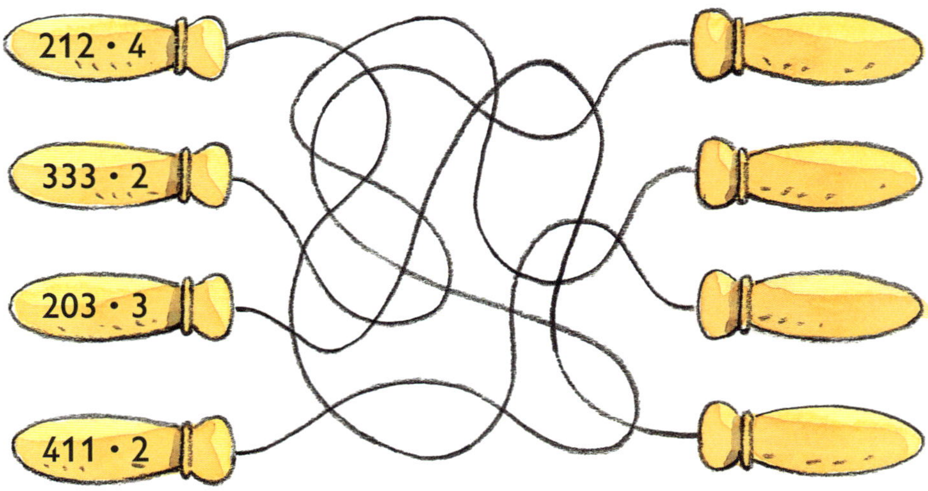

5 Bilde mit den Zahlen auf den Bällen 6 verschiedene Hunderterzahlen und multipliziere sie jeweils mit der Zahl 3.
Beispiel: 123 · 3 = ?
Rechne in deinem Heft.

Schriftliche Multiplikation mit Übertrag

1 a) In diesem Monat hat Herr Schneider an 127 Autos Reifen gewechselt.
Wie viele Reifen waren es insgesamt?

Antwort: ______________________________

b) Im nächsten Monat sind schon 35 Autos zum Reifenwechsel angemeldet. Wie viele Reifen muss Herr Schneider dann wechseln? Rechne im Heft.

Regel Bei Überträgen musst du Folgendes beachten:
1. Der Übertrag wird immer unter die folgende Zahl geschrieben.
2. Der Übertrag wird nach dem Multiplizieren mit der folgenden Zahl zum Ergebnis addiert.

Beispiel:

1327 · 4	4 · 7 = 28 → Schreibe 8, übertrage 2.
112	4 · 2 = 8 → 8 + 2 = 10 → Schreibe 0, übertrage 1.
5308	4 · 3 = 12 → 12 + 1 = 13 → Schreibe 3, übertrage 1.
	4 · 1 = 4 → 4 + 1 = 5 → Schreibe 5.

2 Rechne diese Aufgaben in deinem Heft.

Tipp So multiplizierst du mit einer Zehnerzahl: Rechne zuerst mit dem Zehner und hänge an das Ergebnis eine 0 an.

Beispiel: 346 · 70
3 4
24220

3 Rechne die Aufgaben.

a) 2 468 · 60 = ______

b) 94 637 · 90 = ______

c) 59 034 · 80 = ______

d) 76 319 · 20 = ______

e) 9 468 · 70 = ______

f) 46 321 · 40 = ______

4 Rechne die Aufgaben in deinem Heft.

1 Herr Berger von der Post hat heute viele Briefmarken verkauft. Wie viel Geld hat er eingenommen? Rechne im Heft.

128 • 55 Cent

Er hat heute

_______ Cent

eingenommen.

Regel So multiplizierst du schriftlich:
Die kleinere Zahl steht immer rechts. Wenn diese Zahl zweistellig ist, beginnst du mit den Zehnern (bei dreistelligen Zahlen mit den Hundertern).
Achte beim Aufschreiben besonders auf die Stellenwerte.

Beispiel:

1198 • 12	
1198	1. Multipliziere mit den Zehnern.
2396	2. Multipliziere mit den Einern.
14376	3. Addiere die beiden Ergebnisse.

2 Jede Dose Hundefutter wiegt 250 Gramm. Wie schwer ist das Paket mit 18 Dosen insgesamt? Rechne auf dem Zettel aus.

3 Löse die Aufgaben in deinem Heft.

a) 3 871 · 214

c) 371 · 503

b) 2 050 · 342

d) 1 721 · 250

Tipp Nimmst du mit 0 mal, dann ist auch das Ergebnis immer 0. Diese Ergebnisreihe brauchst du nicht aufzuschreiben.

Beispiel:

```
273 · 205
---------
 546
  1365
---------
 55965
```

4 Rechne die Aufgaben in deinem Heft.

a) 4 025 · 26

b) 1 020 · 701

c) 5 102 · 66

d) 8 691 · 70

e) 6 004 · 58

f) 4 060 · 25

5 Finde die fehlenden Zahlen und rechne aus.

```
5 7 2 1 · □ □
-------------
 □ □ 2 1
 □ □ □ 6 3
-------------

```

```
2 □ □ · 3 5
-----------
  □ 9 6
  □ □ □ □
-----------

```

Schriftliche Division ohne und mit Rest

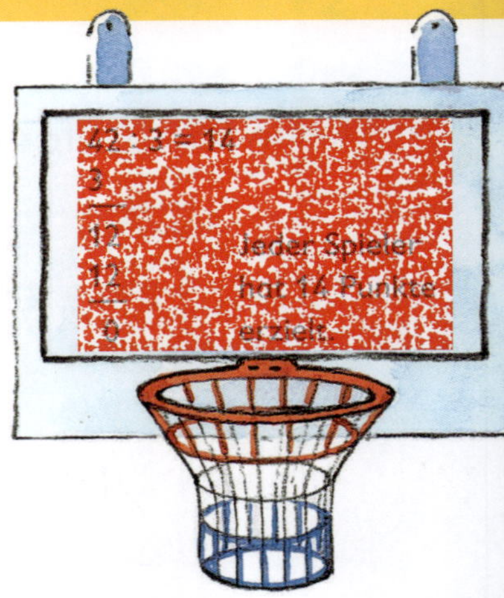

1 Beim Basketballspiel hat Team A 42 Punkte.
3 Spieler haben genau gleich viele Punkte erzielt.
Wie viele Punkte hat jeder Einzelne erzielt?

Jeder Spieler hat ______ Punkte erzielt.

Regel So dividierst du schriftlich: Beginne immer beim höchsten Stellenwert, hier bei den Hundertern.

```
HZE       ZE
165 : 5 = 33
15
 15
 15
  0
```

1 : 5	nicht teilbar
16 : 5 = 3	3 hinschreiben
3 · 5 = 15	Kontrolle
16 − 15 = 1	1 hinschreiben
	5 herunterholen
15 : 5 = 3	3 hinschreiben
3 · 5 = 15	Kontrolle
15 − 15 = 0	0 hinschreiben

2 Wie viele Punkte haben die Spieler der Teams jeweils erzielt?
Rechne wie oben.

Team 1:	68 Punkte	4 Spieler
Team 2:	51 Punkte	3 Spieler
Team 3:	64 Punkte	4 Spieler

3 Rechne in deinem Heft.

4 Achte auf die Stellenwerte. Denke an die 0, wenn du eine Zahl nicht teilen kannst. Rechne in deinem Heft.

a) 2 118 : 3

b) 3 525 : 5

c) 1 218 : 6

d) 24 368 : 4

e) 24 120 : 3

f) 28 863 : 9

5 Diese Aufgaben gehen nicht auf. Schreibe den Rest hinter das Ergebnis. Rechne in deinem Heft.

1 Herr Lieser benötigt 35 cm lange Tapetenstücke. Wie viele Streifen kann er aus einer Rolle mit 525 cm schneiden? Rechne in deinem Heft.

Er erhält ______ Streifen.

Regel So dividierst du durch eine mehrstellige Zahl:

1. Schätze, wie oft die Zahl in die andere hineinpasst.
   Runde, z. B.: $91 : 28 \approx 90 : 30 \approx 3$
   Tipp: Bei den Ziffern 0, 1, 2, 3 und 4 rundet man ab, bei den Ziffern 5, 6, 7, 8 und 9 auf.
2. Rechne dann genau nach: $3 \cdot 28 = 84$.
3. Errechne dann den Rest: $91 - 84 = 7$.

Beispiel: 91 448 : 28 = 3 266

84	denn $3 \cdot 28 = 84$
74	
56	denn $2 \cdot 28 = 56$
184	
168	denn $6 \cdot 28 = 168$
168	
168	denn $6 \cdot 28 = 168$
0	

2 Löse die Aufgaben in deinem Heft.

3 Löse die Aufgaben und ordne den passenden Pinsel zu.
Male den Eimer dann in der richtigen Farbe an.

4 Rechne nach und schreibe das richtige Ergebnis auf.

5 Verbinde jede Aufgabe mit dem richtigen Ergebnis.
Die Buchstaben ergeben das Lösungswort.

7 254 : 45 = ______	572 Rest 17	→ R
84 321 : 46 = ______	1 833 Rest 3	→ E
48 543 : 57 = ______	161 Rest 9	→ KL
43 056 : 25 = ______	851 Rest 36	→ I
25 668 : 33 = ______	1 722 Rest 6	→ ST
22 325 : 39 = ______	777 Rest 27	→ E

Lösung:

1 Svenja hat einen 10-€- und Anne einen 5-€-Schein. Beide haben schon etwas eingekauft. Wofür reicht ihr Geld noch?

a) Svenja: ________ € + 5,25 € = 10,00 €

UA: 10,00 € – 5,25 € = ____________

Sie kann sich noch ______________ kaufen.

b) Anne: ________ € + 4,47 € = 5,00 €

UA: ______________________________

Sie kann sich noch ______________ kaufen.

Regel Jede Aufgabe kannst du durch ihre Umkehraufgabe (UA) kontrollieren. Die Umkehraufgabe der Addition ist die Subtraktion und umgekehrt. Die Umkehraufgabe der Multiplikation ist die Division und umgekehrt.

Beispiel: $4 + 5 = 9$ $4 \cdot 5 = 20$

UA: $9 - 5 = 4$ UA: $20 : 5 = 4$

2 Svenja hat 21,86 €. Sie hat schon viel eingekauft.
Hat sie noch Geld für ein Eis, das 1,45 € kostet?

0,65 € + 4,75 € + 12,15 € + 2,33 € + ? € = 21,86 €

UA: ______________________________

____

Antwort: ______________________________

3 Bilde in deinem Heft die Umkehraufgabe.

```
   52147
+   6348
+    506
--------
________
```

[redacted]

4 Bilde die Umkehraufgabe in deinem Heft und rechne.

a) __________ : 89 = 9 999

b) __________ · 469 = 303 443

[redacted]

5 Wie viel kann Lara von dem Geld jeweils kaufen?

a) __________ · 13 € = 299 € UA: __________

Sie kann __________ Mappen kaufen.

[redacted]

b) __________ · 24 ct = 984 ct UA: __________

Sie kann __________ Stifte kaufen.

[redacted]

Knack den Code

Auf jeder Doppelseite (Seite 64 – 89) findest du eine kleine braune Lupe. Darin steht jeweils eine Zahl.

- Schreibe die Zahlen nacheinander auf die Linien.
- Ersetze sie dann durch die Buchstaben, die auf dem Zettel versteckt sind: zum Beispiel 8 durch den Buchstaben A.
- Trage jeweils den passenden Buchstaben unter der Zahl ein. Wie heißt der Lösungssatz?

CODE

5 =	9 =
3 =	8 =
23 =	4 =
7 =	2 =
1 =	15 =
6 =	20 =

__ 15 __ __ 4 __ ,

__ __ __ __ 5 __ __ __ 7 5 __ __ 6 2 !

Code geknackt:

Datum

Mein Name

Fingerabdruck

Unterschrift

Textaufgaben

Textaufgaben verstehen 

1 Julia und ihre Mutter kaufen zwei Jeans für insgesamt 80 € und einen Rock. Alles zusammen kostet 105 €. Wie viel kostet der Rock?

? Wie viel kostet der Rock?

✓ 2 Jeans: 80 €,
alles zusammen: 105 €

[Rechenrahmen]

!

Tipp Textaufgaben kannst du leichter lösen:

? Was will ich wissen? Unterstreiche in Rot.

✓ Was weiß ich schon? Unterstreiche in Blau.

[Rechenrahmen] Wie muss ich rechnen?
Rechne hier oder in deinem Heft.

! Wie heißt die Antwort?

2 Karlo kauft eine Zeitschrift für 2,50 €, Lebensmittel für 7,30 € und eine Dose Hundefutter. Insgesamt bezahlt er 12,50 €. Rechne aus, wie viel die Dose Hundefutter kostet.

?

✓

[Rechenrahmen]

!

3 Frau Seiler kauft 6 m Stoff. 1 m kostet 6 €.
Für die Vorhangstange muss sie 7,90 € bezahlen
und für das Nähgarn 2,50 €. Reichen ihr 50 €?

4 Tim kauft 7 Buntstifte zu je 0,62 €. Wie viel Geld bekommt er zurück, wenn er mit einem 5-€-Schein bezahlt?

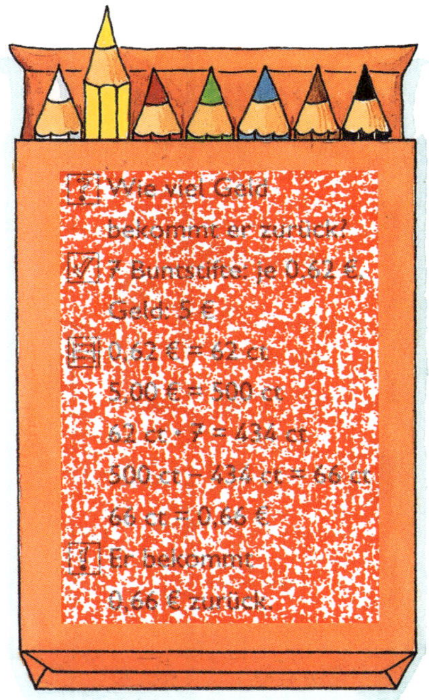

Regel Es hilft dir, wenn du die Preise in ct umrechnest.
1 € (Euro) = 100 ct (Cent)
Das Komma trennt Euro und Cent.
Beispiel: 1 € 50 ct = 1,50 € = 150 ct

Rechenbaum als Lösungshilfe

1 Sabine kauft drei Tierbücher für jeweils 1,50 €.
Außerdem kauft sie noch einen Pullover für 12,40 €.
Wie viel € bezahlt sie insgesamt?
Ergänze die fehlenden Zahlen im Rechenbaum.

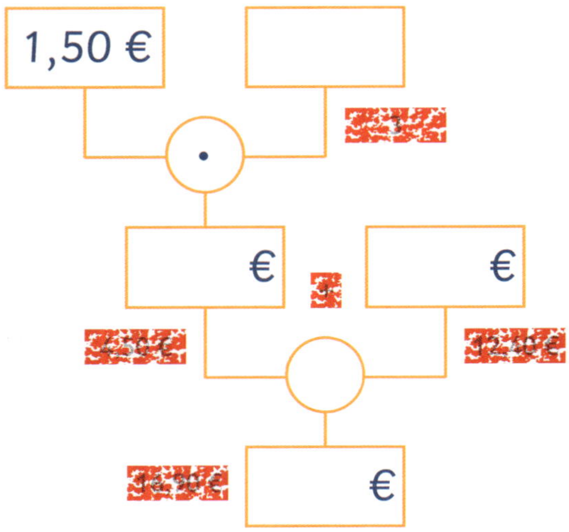

! Sabine bezahlt ______ €.

Tipp Manchmal kannst du Textaufgaben leichter lösen, wenn du die Aufgabe in Teilaufgaben zerlegst. Die Zahlen lassen sich mit einem oder mehreren Rechenbäumen übersichtlich anordnen.

2 Karlo kauft 9 Spielzeugautos und einen Teddybären.
Reichen ihm 10 €?
Fülle den Rechenbaum aus.

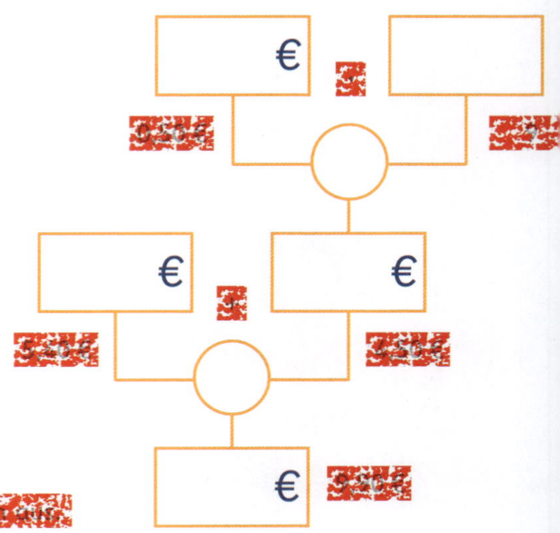

! ______________________ [redacted]

3 Wie viele Luftballons könnte Konfetti mit dem 20-€-Schein kaufen?
Es hilft dir, wenn du in Cent rechnest.

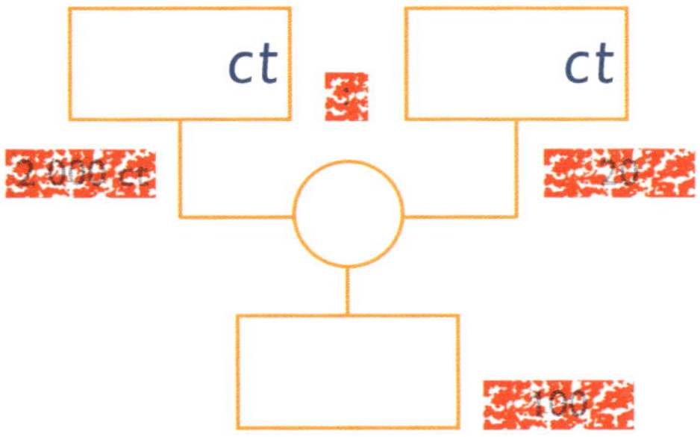

Konfetti könnte ____ kaufen.

4 Lena bietet 12 Kassetten zu einem Stückpreis von 2 € an. Für alle 12 Kassetten verlangt sie 18 €.
Wie viel Geld kann Lenas Freundin sparen, wenn sie ihr alle 12 Kassetten abkauft?
Trage die fehlenden Zahlen in den Rechenbaum ein.

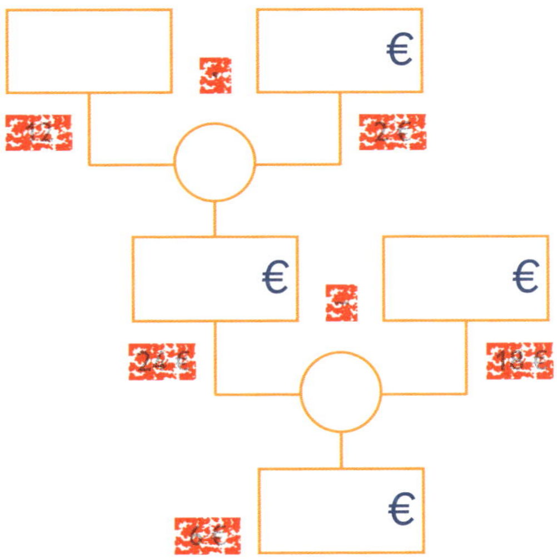

5 Lena und ihre drei Geschwister nehmen insgesamt 73 € ein. Sie teilen das Geld gerecht auf. Wie viel € bekommt jeder, wenn 5 € Standgebühr davon bezahlt werden müssen?
Zeichne den Rechenbaum in dein Heft.

Millimeter und Zentimeter

1 Miss mit einem Lineal die Länge der Bretter in cm.
Schreibe das Ergebnis auf die Bretter.

a) ________ b) ________ c) ________ d) ________

2 In Wirklichkeit sind die Bretter 10-mal so lang.
Berechne die Längen der Bretter.

a) 5,2 cm · 10 = 52 mm · 10 =
b)
c)
d)

Regel 1 cm (Zentimeter) = 10 mm (Millimeter)
Das Komma trennt Zentimeter und Millimeter.
Beispiel: 46 mm = 4 cm 6 mm = 4,6 cm

3 Schreibe die passenden Zahlen in die Kästchen.
Gib die Längen in cm und mm an und runde anschließend das Ergebnis auf volle Zehner.

Achte auf die letzte Ziffer. Die Ziffern 1 bis 4 werden abgerundet, die Ziffern 5 bis 9 aufgerundet.

1,1 cm =	________	________	
11 mm	________	________	
≈ 10 mm	≈ ________	≈ ________	

Rechnen mit Überschlag

4 Der Boden eines Vogelhauses soll 35 cm lang werden. Leider ist das Holzstück nur 19,5 cm lang.
Wie viele mm fehlen?
Überschlage geschickt und rechne dann genau.

Überschlag: 19,5 cm ≈

Tipp Der Überschlag kann dir beim Rechnen helfen.
Dazu musst du die Zahlen sinnvoll runden.
Mit den gerundeten Zahlen kannst du wie gewohnt rechnen – wenn möglich im Kopf.
Verwende beim Runden folgendes Zeichen: ≈
Beispiel: 3,7 cm + 12,4 cm ≈ 4 cm + 12 cm ≈ 16 cm

5 Janas Bruder sägt aus einem 80 cm langen Holzbrett 3 gleich lange Stücke.
Jedes dieser Bretter soll 22,5 cm lang werden.
Wie viele cm bleiben übrig?
Überschlage sinnvoll und rechne dann genau.

Überschlag:

Zentimeter und Meter

1 Daniel baut sich einen Drachen aus einer 85 cm langen und einer 26 cm kürzeren Holzleiste.
Wie lang ist die kürzere Leiste?
Rechne das Ergebnis in m um.

Regel 1 m (Meter) = 100 cm (Zentimeter)
Das Komma trennt Meter und Zentimeter.
Beispiel: 978 cm = 9 m 78 cm = 9,78 m

2 a) Daniel schneidet 4 Streifen aus buntem Tonpapier in unterschiedliche Länge.
Schreibe die Angaben als Meter mit Komma.

80 cm = ____________ ¼ m = ____________

1 m 40 cm = ____________ 1 m 5 cm = ____________

b) Wie lang sind die Papierstreifen insgesamt?
Gib das Ergebnis in m und cm an.

Länge der Papierstreifen: ____________

Zeichnung als Lösungshilfe

3 Anna befestigt alle 20 cm 3 Papierschleifen am Schwanz des Drachens. Dieser ist 1,40 m lang. Wie viele Papierschleifen braucht sie insgesamt?

Tipp Bei schwierigen Textaufgaben hilft dir eine Zeichnung weiter, um den Rechenweg der Aufgabe herauszufinden.

Vervollständige die Zeichnung und rechne dann.

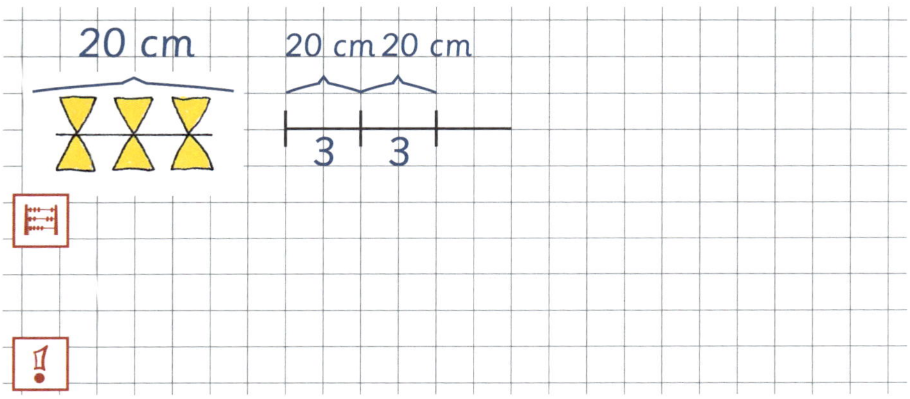

4 Die Kinder lassen den Drachen entlang eines 300 m langen Wegstückes steigen. Dort sollen auf beiden Seiten im Abstand von 50 m Bäume gepflanzt werden. Wie viele Bäume werden benötigt?

Meter und Kilometer

1 Lisa Familie besucht die Großeltern.
Bei der Abfahrt zeigte der Kilometerzähler 485 km an, bei der Ankunft 715 km.
Wie viele km ist die Familie zu den Großeltern gefahren?
Rechne das Ergebnis auch in m um.

Regel 1 km (Kilometer) = 1 000 m (Meter)
Das Komma trennt Meter und Kilometer.
Beispiel: 2 630 m = 2 km 630 m = 2,630 km

2 Vom Waldparkplatz führen vier Rundwanderwege durch den Wald.

a) Schreibe die Weglängen auf der Tafel als Kommazahlen und ordne sie der Größe nach. Beginne mit der kleinsten.
b) Berechne den Unterschied zwischen der längsten und kürzesten Wegstrecke.

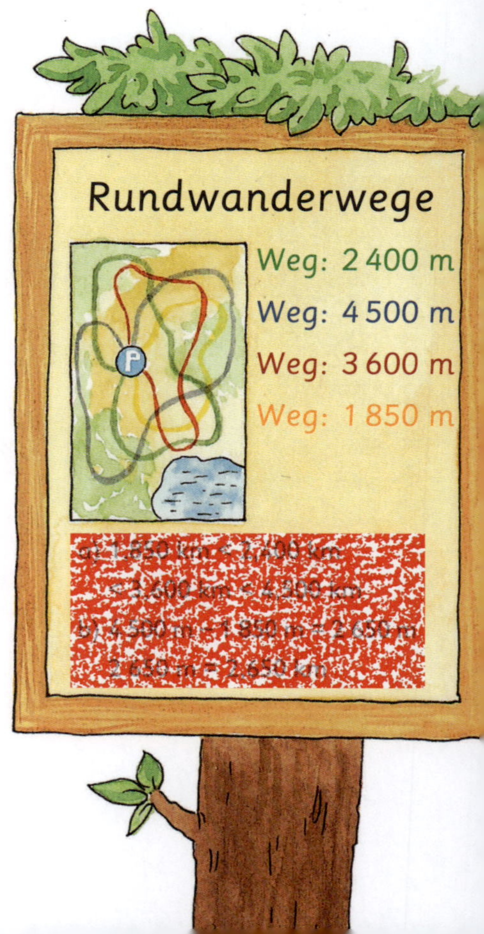

a) 1,850 km <

b)

3 Karlo macht in den Ferien eine Radtour.
Am ersten Tag fährt er 56 km, am zweiten Tag 83 km. Wie weit fährt er am dritten Tag, wenn er insgesamt 208 km zurücklegt? Überschlage sinnvoll und rechne dann genau.

Überschlag:

Ü: 60 km + 80 km = 140 km   210 km − 140 km = 70 km
56 km + 83 km = 139 km   208 km − 139 km = 69 km
Am dritten Tag fährt er 69 km.

4 Eine Straße mit einer Länge von 5 100 m wird neu geteert. Sie soll in 30 Stunden fertiggestellt werden. Die eine Maschine schafft in einer Stunde 90 m. Wie viele m muss eine zweite Maschine in einer Stunde teeren? Unterstreiche wichtige Angaben im Text und rechne. Eine Zeichnung kann dir helfen.

Überlege zuerst, wie viele m die erste Maschine in 30 Stunden schafft.

90 m · 30 (Stunden) = 2 700 m
5 100 m − 2 700 m = 2 400 m   2 400 m : 30 (Stunden) = 80 m
Eine zweite Maschine muss in einer Stunde 80 m teeren.

Gramm und Kilogramm

1 Bauer Haller hat für seine Pferde das Futter genau abgewogen. Schreibe die Gewichtsangaben als Kommazahlen.

2 890 g ____________

[redacted]

9 kg 800 g ____________

[redacted]

3 kg 450 g ____________

[redacted]

1 ¼ kg ____________

[redacted]

7 ½ kg ____________

[redacted]

50 g ____________

[redacted]

Regel 1 kg (Kilogramm) = 1 000 g (Gramm)
Das Komma trennt Kilogramm und Gramm.
Beispiel: 5 433 g = 5 kg 433 g = 5,433 kg

2 Jedes der 9 Pferde bekommt pro Tag 2 kg Möhren. Wie viele kg Möhren muss der Bauer für einen Monat einkaufen?
(Jeder Monat hat im Schnitt 30 Tage).

[redacted]

3 Steffi gibt den Pferden täglich 3 700 g Hafer, 5 400 g Heu und 2 kg Möhren.
Wie viel kg Futter sind es in einer Woche?
Überschlage zuerst und rechne dann.

Überschlag:

4 Ein Heuballen wiegt 18 kg. Weißt du, was 185 Ballen Heu zusammen wiegen?

5 Konfetti wiegt 3 kg weniger als ein Heuballen.
Das Gewicht eines Pferdes beträgt 585 kg.
Wie viel mal ist das Pferd schwerer als Konfetti?
Rechne in deinem Heft.

Pfeilbild als Lösungshilfe

1 Martin kauft 5 Würstchen. Sie wiegen zusammen 600 g.
Wie viel g wiegt ein Würstchen?
Ergänze die fehlenden Angaben.

Tipp Mit einem Pfeilbild kannst du Zahlen und Mengen ganz einfach miteinander vergleichen und in Beziehung zueinander setzen.
So errechnest du die Einzelmenge:

	Stück	Gewicht	
: 5	5	600 g	: [redacted]
	1	[redacted]	

2 Karlo kauft 500 g Schweizer Käse.
Eine Scheibe Käse wiegt 50 g.
Wie viele Scheiben Käse bekommt er?
Trage die Zahlen im Pfeilbild ein und rechne.

	Gewicht	Anzahl Scheiben	
[redacted]	50 g	1	[redacted]
	[redacted]	[redacted]	

[redacted]

3 a) In 100 g Schokolade sind 25 g Zucker enthalten.
Wie viel g Zucker stecken in 500 g Schokolade?
Ein Pfeilbild in deinem Heft kann dir helfen.

b) Karlo nascht im Monat 2 Tafeln Schokolade zu je 100 g.
Berechne, wie viel g Zucker er in einem Jahr allein durch Schokolade zu sich nimmt.

4 Maria kauft sie 20 Äpfel. Sie wiegen 4 360 g.
Sie braucht aber nur 6 Äpfel.
Wie viel g wiegen die restlichen Äpfel?

Kilogramm und Tonne

1 Lars und sein Vater brauchen insgesamt 1 t Kies für den Garten. Wie oft müssen die beiden zur Kiesgrube fahren, wenn sie pro Fahrt 250 kg Kies transportieren können?

Regel Ganz schwere Gewichte werden in Tonnen gewogen.
1 t (Tonne) = 1 000 kg (Kilogramm)
Das Komma trennt Tonne und Kilogramm.
Beispiel: 9 630 kg = 9 t 630 kg = 9,630 t

2 a) Ordne die Kisten nach ihrem Gewicht. Beginne mit dem kleinsten. Schreibe die Gewichtsangaben jeweils mit Komma.

0,5 t < ______________________

____

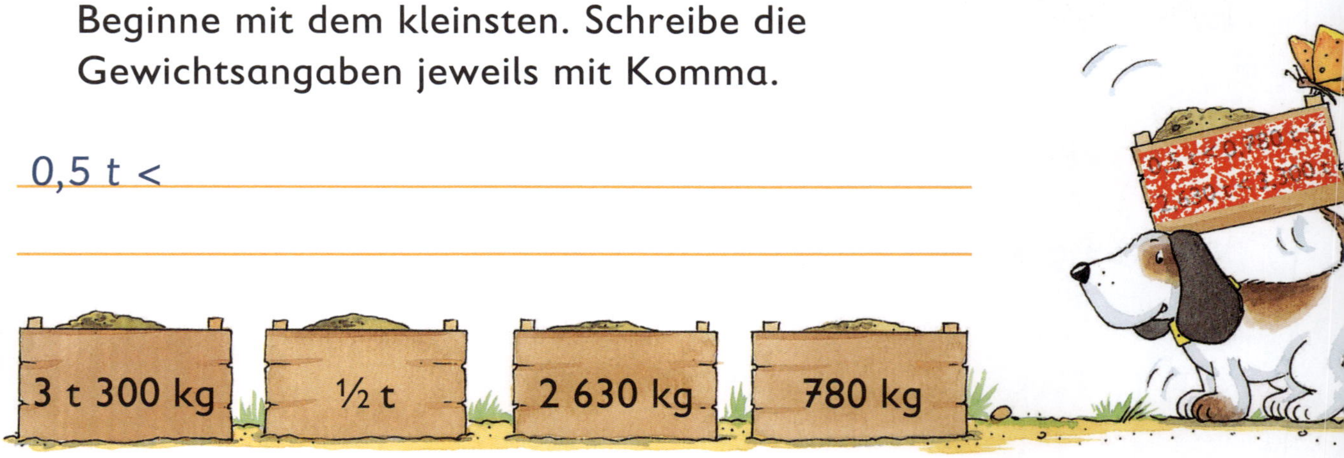

≈ ________ ≈ ________ ≈ ________ ≈ ________

[redacted] [redacted] [redacted] [redacted]

b) Runde die Gewichte auf volle Tonnen. Schreibe jeweils die gerundete Zahl unter die Kiste.

3 Ein Lastwagen wiegt leer 12 t.
Er wird mit 240 kg Sand und 480 kg Kies beladen.
Der Fahrer wiegt 80 kg. Wie viel wiegt der Lkw insgesamt? Rechne in kg.

12 t = 12 000 kg
12 000 kg + 240 kg + 480 kg + 80 kg = 12 800 kg
! Der Lkw wiegt insgesamt 12 800 kg.

4 Ein Lastwagen will über eine Brücke fahren, die 5 t Gewicht zulässt. Sein Leergewicht beträgt 3,7 t.

a) Wie viel kg darf der Lkw noch laden?

! ______________________________

5 t − 3,7 t = 1,3 t = 1 300 kg
! Der Lkw darf noch 1300 kg laden.

b) Es sollen 15 Säcke Sand von jeweils 125 kg transportiert werden.
Wie oft muss der Lkw fahren?

! ______________________________

125 kg · 15 = 1 875 kg
1 875 kg > 1 300 kg
! Der Lkw muss 2-mal fahren.

Sekunde, Minute und Stunde

1 Heute ist ein Sportfest in der Schule.
Wie lange dauern die einzelnen Wettkämpfe?

	min	s	
50-m-Lauf		124 s	2 min 4 s
100-m-Lauf	15 min		900 s
Staffel-Lauf	8 ½ min		510 s

Regel 1 min (Minute) = 60 s (Sekunden)
1 h (Stunde) = 60 min (Minuten)

2 a) Tim und Daniel laufen die 50-m-Strecke. Tims Zeit ist 9,7 s. Daniel kommt 1,5 s später im Ziel an. Wie lange braucht er? Überschlage die Aufgabe zunächst im Kopf und rechne dann genau.

?
Wie lange braucht Daniel?

9,7 s + 1,5 s = 11,2 s

!
Daniel braucht 11,2 s.

b) Konfetti braucht 13 ½ s, bis er das Ziel erreicht hat. Um wie viele s ist er langsamer als Daniel? Rechne im Kopf.

! Konfetti ist 2,3 s langsamer

3 Lena läuft beim 100-m-Wettkampf mit.
Sie ist nach 15,2 s im Ziel.
Sarah braucht 15,5 s und Nina 16,1 s.
Wie viele s ist Lena schneller als Sarah und Nina?

4 Beim Staffellauf braucht Erik 30 s. Die anderen in seiner Mannschaft laufen 32 s, 35 s und 38 s.
Wie viele min und s brauchen die Jungen insgesamt?

5 Jakob läuft 1 000 m.
Seine Zwischenzeit nach 500 m beträgt 2 ¼ min.
Nach wie vielen min und s ist Jakob am Ziel, wenn er dieses Tempo bis zum Ende durchhalten kann?

Minute, Stunde und Tag

1 a) Karlo hat im Mai 96 h Urlaub.
Weißt du, wie viele Tage das sind?

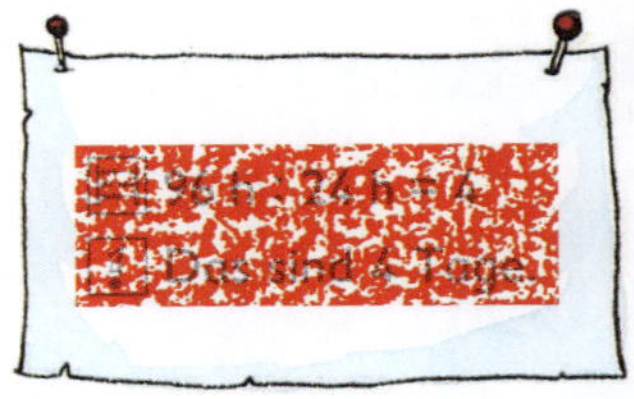

b) Wie lange war Karlo jeden Tag wandern?
Rechne die Zeitangaben um.

300 min = ____ h [redacted]　　180 min = ____ h [redacted]

4 ½ h = ____ min [redacted]　　5 ¼ h = ____ min [redacted]

Regel 1 h (Stunde) = 60 min (Minuten)
1 Tag = 24 h (Stunden)

2 Moni fährt mit ihrer Klasse ins Zeltlager.
Abfahrt ist am Montag um 16.00 Uhr.
Die Rückfahrt ist am Donnerstag um 18.00 Uhr geplant. Wie viele Tage und Stunden dauert es bis dahin? Eine Zeichnung kann dir helfen.

Mo	Di	Mi	Do	Do
16.00 Uhr	16.00 Uhr	16.00 Uhr	16.00 Uhr	18.00 Uhr

1 Tag　　____　　____　　____

3 Martin und sein Vater fahren um 16.25 Uhr mit dem Zug von München nach Hause. Sie brauchen 2 h 30 min. Wann kommen sie zu Hause an? Ergänze die Angaben im Tipp und rechne.

[illegible]

Tipp So kannst du den Zeitpunkt berechnen:

16.25 Uhr → 2 h 30 min → Zeitpunkt?

16.25 Uhr → ______ → 18.25 Uhr → ______ → Zeitpunkt?

[illegible] [illegible]

4 Im Juli war Miriam mit ihren Eltern auf Kreta. Die Familie flog um 10.40 Uhr ab und war um 15.10 Uhr auf der Insel. Wie lange war sie unterwegs?

Tipp So kannst du die Zeitdauer berechnen:

10.40 Uhr → Zeitdauer? → 15.10 Uhr

10.40 Uhr → ______ → 11.00 Uhr → ______ → 15.10 Uhr

[illegible] [illegible]

[illegible]

Woche, Monat und Jahr

1 Sina hat eine Zeitleiste gebastelt und ihr Geburtsjahr eingetragen. Trage ein, in welchem Jahr ihre Eltern und ihre Oma geboren sind.

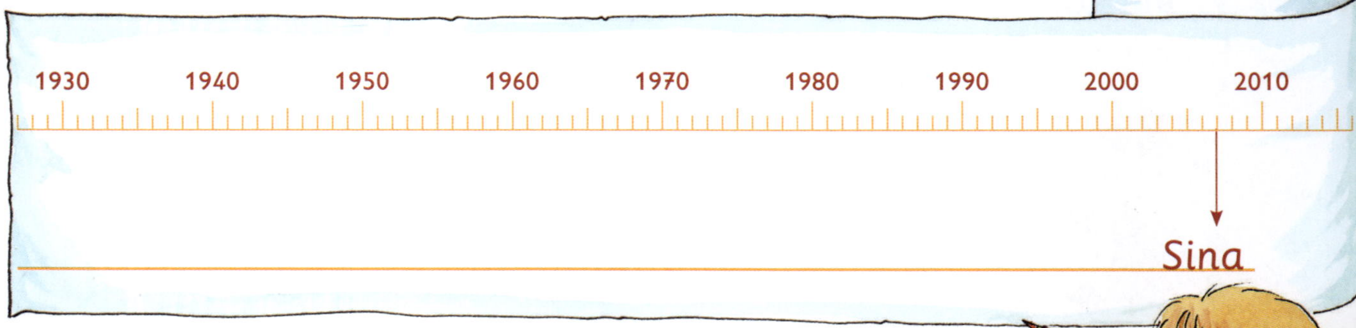

Der Vater ist 25 Jahre älter als Sina.
Die Mutter ist 3 Jahre jünger als der Vater.
Die Oma ist 30 Jahre älter als die Mutter.

2 Sinas Bruder hat in 21 Tagen Geburtstag.
Wie viele Wochen muss er noch warten?
Gib das Ergebnis auch in Stunden an.

1 2 3 4 5 6 7 8 9 10 11 12 13 14 15 16 17 18 19 20 21 Tage

1 Woche + 1 Woche + 1 Woche

Regel 1 Woche = 7 Tage
1 Jahr = 12 Monate

3 Wie viele Tage dauert die Brutzeit von Schwalben, wenn die ersten Küken nach 2 Wochen und 4 Tagen schlüpfen?

2 · 7 Tage = 14 Tage, 14 Tage + 4 Tage = 18 Tage

Die Brutzeit dauert 18 Tage.

4 a) Ein 7-jähriger Storch ist immer die Hälfte eines Jahres in Afrika. Wie viele Monate hat er insgesamt schon im Süden verbracht?

Ein halbes Jahr = 6 Monate

6 Monate · 7 = 42 Monate

Insgesamt hat er 42 Monate im Süden verbracht.

b) Trage das Geburtsjahr des Storchs in der Zeitleiste auf Seite 119 ein. Rechne im Kopf.

Heute ist der 18.3.2016.
In welchem Jahr ist der Storch aus seinem Ei geschlüpft?

Der Storch ist 1999 aus seinem Ei geschlüpft.

Milliliter und Liter

1 Nele bereitet für ihre Party Mixgetränke vor.
Sie füllt 200 ml Orangensaft in einen Krug,
gibt 130 ml Bananensaft und 250 ml Maracujasaft
dazu. Zuletzt fügt sie 100 ml Zitronensaft hinzu.
Wie viele ml Flüssigkeit ergibt alles zusammen?

[redacted]

Regel 1 l (Liter) = 1 000 ml (Milliliter)
½ l = 0,5 l
Das Komma trennt Liter und Milliliter.
Beispiel: 1 l 480 ml = 1,480 l = 1 480 ml

2 a) Wie viel Saft ist in jedem Gefäß?
Ergänze die Angaben in ml bzw. l
und schreibe sie auf die Linie.

_____ l   _____ ml   _____ l   _____ ml   _____ l

[redacted]

b) Ordne die Gefäße der Größe nach.
Beginne mit der kleinsten Menge.

____

[redacted]

3 Lara mixt ihr Lieblingsgetränk.
Dazu braucht sie pro Glas eine Banane und $\frac{1}{4}$ l Milch. Rechne aus, wie viel Milch Lara braucht, wenn sie vier Gläser zubereiten möchte. Gib das Ergebnis in l an.

4 Lara trinkt auch gerne Apfelsaftschorle.
Diese besteht zu einer Hälfte aus Wasser und zur anderen Hälfte aus Apfelsaft.
Wie viel l Apfelsaft und wie viel l Wasser braucht sie für 5 l Apfelsaftschorle?

5 Susanne gießt ein Glas mit $\frac{1}{4}$ l Saft in einen Krug, in den 2 l hineinpassen. Wie viele Gläser passen von der Menge her insgesamt in den Krug?

1 Max kauft mit seinem Vater Getränke ein. In einem Kasten Mineralwasser sind 12 Flaschen zu je 750 ml. Wie viele l Wasser sind das insgesamt? Ergänze die Tabelle. Achte auf den Pfeil.

	Anzahl Flaschen	ml
· ___	1	750
[redacted]	12	

[redacted]

!

Tipp Eine Tabelle hilft dir, Rechnungen übersichtlich und in kurzer Form darzustellen. Aus ihr kannst du Informationen für deinen Lösungsweg entnehmen.

2 Der Vater von Max möchte 15 Liter Zitronenlimonade kaufen. 3 Literflaschen kosten 4,25 €. Reichen ihm hierfür 20 €? Trage die fehlenden Zahlen in die Tabelle ein und rechne.

	Anzahl Flaschen	Preis	
· ___ [redacted]			[redacted]
[redacted] [redacted]			[redacted]

[redacted]

!

3 Karlo möchte möglichst billig 5 l Apfelsaft kaufen.
Er vergleicht die verschiedenen Angebote.
Für welches Angebot sollte er sich entscheiden?

Füll-menge	Preis	benötigte Anzahl	Gesamt-preis
5 l	5,99 €	1	5,99 €

½ l | 79 ct | ½ l · 10 = 5 l | 79 ct · 10 = 7,90 €
2,5 l | 3,25 € | 2,5 l · 2 = 5 l | 3,25 € · 2 = 6,50 €

Er sollte sich für den 5-l-Kanister für 5,99 € entscheiden.

4 a) In 5 Kaffeetassen passen 625 ml.
Wie viele l Kaffee braucht man für 7 Kaffeetassen?
Tipp: Überlege zuerst, wie viel in eine Kaffeetasse passt.

625 ml : 5 = 125 ml
125 ml · 7 = 875 ml = 0,875 l
Für 7 Tassen braucht man 0,875 l.

b) Reicht die Kanne mit 1 l Kaffee für 10 Tassen?
Rechne in deinem Heft.

125 ml · 10 = 1 250 ml
1 250 ml > 1 000 ml.
Nein, die Kanne reicht nicht.

Auf einen Blick

Hier kannst du alles Wichtige noch einmal nachschauen:

Geld

ct = Cent
€ = Euro

1 ct = 0,01 €	1 € = 100 ct

Beispiel:
1 € 40 ct = 1,40 € = 140 ct

Längen

mm = Millimeter
cm = Zentimeter
m = Meter
km = Kilometer

1 cm = 10 mm
1 m = 100 cm
1 km = 1 000 m

Beispiel:
5 km 250 km = 5,250 km = 5 250 m

Gewichte

g = Gramm
kg = Kilogramm
t = Tonne

1 kg = 1 000 g
1 t = 1 000 kg

Beispiel:
6 kg 400 g = 6,4 kg = 6 400 g

Zeit

s = Sekunde
min = Minuten
h = Stunde

1 min = 60 s
1 h = 60 min
1 Tag = 24 h

Beispiel:
1 h 20 min = 80 min

Denke daran:
Unterstreiche wichtige Informationen im Text. Bei vielen Aufgaben hilft dir ein Rechenbaum, eine Zeichnung, eine Tabelle oder ein Pfeilbild weiter.

Rauminhalte

ml = Milliliter
l = Liter

1 ml = 0,001 l
1 l = 1 000 ml

Beispiel:
1 l 480 ml = 1,480 l = 1 480 ml

Wiederholung

1 Karlo kauft im Baumarkt 4 Bretter und 240 kg Spielsand.
Wie viel € muss er insgesamt zahlen?
Eine Tabelle im Heft hilft dir.

2 Karlo wandert am Samstag 15 km. Am Sonntag ist die Wanderstrecke nur halb so lang. Wie viele km wandert Karlo am Sonntag?

3 Sophia reist mit ihrer Oma nach London.
Die Autofahrt zum Flughafen dauert 25 min.
Bis zum Abflug warten die beiden 1 h 10 min.
Der Flug selbst dauert 1 h 55 min.
Wie lange sind sie insgesamt unterwegs?

Knack den Code

Auf jeder Doppelseite (Seite 92 – 119) findest du eine kleine braune Lupe. Darin steht jeweils eine Zahl.

- Schreibe die Zahlen nacheinander auf die Linien.
- Ersetze sie dann durch die Buchstaben, die auf dem Zettel versteckt sind: zum Beispiel 24 durch den Buchstaben P.
- Trage jeweils den passenden Buchstaben unter der Zahl ein. Wie heißt der Lösungssatz?

CODE

21 =		1 =	
19 =		4 =	
11 =		27 =	
8 =		13 =	
24 =		3 =	
32 =		17 =	

__ __ __ __ 17 __   __ __ ,

8 __ __ __ 17 __ __ __ __ 3 11 !

Code geknackt:

Datum

Mein Name

Fingerabdruck

Unterschrift